TVL

Thalamus Verlag Leipzig e.K.

Information Technology, Economics & Management
Ausgewählte Schriften aus Wissenschaft und Praxis

TVL – Reihe
Ausgabe 1 / 2016

Dieses Buch wurde mit Sorgfalt erstellt. Für die inhaltliche Rich-
tigkeit sowie die Verwendung von Abbildungen und Zitaten sind
die Autoren der jeweiligen Artikel verantwortlich. Darüber hinaus
kann vom Verlag keine Gewähr übernommen werden.

Thalamus Verlag Leipzig
Information Technology, Economics & Management
Halbjährliche Reihe ausgewählter Schriften
aus Wissenschaft und Praxis
© Thalamus Verlag Leipzig e.k. 2016
Printed by Amazon
ISBN 978-3-9815615-7-9

Inhalt

Vorwort

Sehr geehrte Leserinnen und Leser,

unser wichtigstes Thema bleibt weiter der immer enger werdende Zusammenhang von Informationstechnologie und Ökonomie. Erst durch ein effektives und effizientes Management können neueste Entwicklungen der Informationstechnologie wie z.B. das Cloud Computing wirtschaftlich und nachhaltig betrieben werden. Auch in der neuen Ausgabe 1/2016 unserer Reihe:

„Information Technology, Economics & Management"

erleben wir so gemeinsam eine interessante Zusammenstellung der verschiedensten Inhalte. Die ersten Ausgaben 2012 und 2013 sind zwar eher verhalten gestartet, haben sich dann aber mächtig gesteigert, um jetzt in ihrem Produktlebenszyklus der neuen Ausgabe 1/2016 Platz zu machen. In der Spitze konnten wir innerhalb unserer sehr gut platzierten Werbeaktionen für Kindle immerhin 233 Downloads innerhalb von vier Tagen verzeichnen.

Allen aktiven und engagierten Lesern dafür vielen Dank!

Neben neuen Managementtechniken modernster IT-Anwendungen tritt heute der praktische Einsatz neuester Erkenntnisse aus der Informations- und Kommunikationstheorie sowie auch immer deren ökonomischer Einsatz in den Vordergrund. Gestalten wir diese Entwicklung gemeinsam aktiv, sinnvoll und nachhaltig!

André Stuth, März 2016

Kontakt über:
info@thalamus-verlag.de

Ausgabe 1/2016
Die Autoren

Dr. Lars Audehm (Jahrgang 1973) studierte Wirtschaftsinformatik sowie Betriebswirtschaftslehre. Seit fast 15 Jahren ist
er im IT-Bereich tätig, davon 9 Jahre in verschiedenen Positionen
im Talanx Versicherungskonzern und bei mehreren Beratungs-
unternehmen als Senior IT Consultant und Projektleiter in vielen
Projekten. Tätigkeitsschwerpunkte sind Servicedesign. Lizenz-
management und die Optimierung des IT-Managements. Er arbeitet in der Fachgruppe IT-Controlling der Gesellschaft für Informatik mit. Seine weiteren Interessen sind die Integration von
Financial Management und IT-Betrieb und die Entwicklung des
Cloud Computings.

Lars Audehm

Digitalisierung zwischenbetrieblicher Geschäftsprozesse

Abstract

Mit fortschreitender Entwicklung der Informationstechnologie ist es für die Unternehmen immer wichtiger, sich der stärker werdenden Konkurrenz zu stellen. Die Unternehmen sind nicht mehr in lokalen Märkten tätig, sondern agieren global. Die Rahmenbedingungen dafür haben sich nicht nur für Großunternehmen, sondern auch für kleine und mittlere Unternehmen (KMU) geändert.

Durch den Einsatz von innovativen Technologien und neuen Serviceleistungen kann die Wettbewerbs-fähigkeit gesteigert werden. Mit zunehmender Globalisierung verwischen sich die klassischen Unternehmensgrenzen. Dies führt zu einer Virtualisierung von Markt- und Unternehmensstrukturen. Aus wirtschaftlich und rechtlich selbständigen Unternehmen bilden sich durch Verträge Netzwerke. Die zwischenbetrieblichen Geschäftsprozesse und organisatorischen Strukturen sollen in das Netzwerk integriert werden. Die Abwicklung immer wiederkehrender Geschäftsvorfälle zwischen symbiotisch verbundenen Unternehmen kann durch EDI (Electronic Data Interchange) effizienter gestaltet werden. „EDI ist der unternehmensübergreifende Austausch von strukturierten Geschäftsdokumenten".

Gerbracht, Petra / Hegner, Friedhart / Strecker, Matthias

Betriebliche Praktiker auf dem Weg vom Wissen zum Tun: Längsschnitt-Studie zur Vereinbarkeit von Beruf und Familie

Abstract

Unter dem Termindruck des Alltagsgeschäfts wirken gesellschaftliche Veränderungen immer erst dann als konkrete betriebliche Handlungsimpulse, wenn die praktischen Auswirkungen unübersehbar sind. Genau das zeigt unsere im Auftrag des NRW-Familienministeriums durchgeführte Mehr-Zeitpunkt-Studie in den Jahren 2006/2007 und 2012/2013. Im Mittelpunkt steht die Frage, ob sich angesichts demografischer und sozialstruktureller Entwicklungen im Umfeld der Betriebe nach sechs Jahren auch die Maßnahmen zur besseren Vereinbarkeit von Familie und Beruf verändert haben. Kurz die vier markantesten Veränderungen: a) häufiger als damals ein Reservoir an Maßnahme-Kombinationen statt Einzelmaßnahmen; b) häufiger dynamische Anpassung der Maßnahmen an veränderte biographische Situationen der Mitarbeitenden mit Familienaufgaben; c) deutlich stärkere Ausrichtung von Maßnahmen auch auf Mitarbeitende mit zu betreuenden Älteren; d) Betriebe mit weniger als 100 Beschäftigten beherrschen viel häufiger als 2006/2007 und ebenso häufig wie die – oft mit Stabsstellen ausgestatteten – größeren Betriebe die Denk- und Gestaltungswerkzeuge für vielfältige Maßnahmen.

Petra Gerbracht, M.A. (Jahrgang 1965) ist Projektleiterin bei der ISMV Dr. Hegner & Partner GmbH (Institut für Sozialplanung, Management und Verwaltung) mit Sitz in Berlin und Bielefeld.

Nach einer kaufmännischen Ausbildung und einem abgeschlossenen Hochschulstudium sowie Praxiserfahrung ist sie seit 1993 für das ISMV tätig. Zu ihren Aufgabenschwerpunkten gehören sowohl Forschungs- als auch Beratungstätigkeiten zur Organisationsgestaltung und Personalentwicklung.

Dr. Friedhart Hegner (Jahrgang 1943) ist geschäftsführender Gesellschafter der ISMV Dr. Hegner & Partner GmbH (Institut für Sozialplanung, Management und Verwaltung) mit Sitz in Berlin und Bielefeld. Nach zweijähriger Praxistätigkeit ist er seit 1970 sowohl in der Forschung als auch in der Praxisberatung tätig.

Als Berater war er mit seinen Kollegen sowohl für Unternehmen und Verbände der Privatwirtschaft als auch für die öffentliche Verwaltung und für Wohlfahrtsverbände tätig (insgesamt mehr als 200 Betriebe und Einrichtungen bei Organisationsfragen beraten).

Als Forscher hat er mehr als 150 Aufsätze und Bücher zu Fragen der Unternehmens- und Verwaltungsorganisation sowie der Beschäftigungs-, Sozial- und Gesundheitspolitik veröffentlicht.

Diplom-Kaufmann (FH) **Matthias Strecker** (Jahrgang 1978) ist seit 2002 bei der ISMV Dr. Hegner & Partner GmbH (Institut für Sozialplanung, Management und Verwaltung) mit Sitz in Berlin und Bielefeld beschäftigt und als Organisationsberater für Forschungs- und Beratungsprojekte tätig.

Nach seiner Ausbildung zum Industriekaufmann und zum Betriebswirt (VWA) war er während seines anschließenden Studiums studienbegleitend im Institut aktiv. Seitdem gehören sowohl Forschungs- als auch Beratungstätigkeiten zur Organisationsgestaltung, insbesondere zu den Bereichen strategisches Management, Zielvereinbarungen und Effizienzsteigerungen sowie die Work-Life-Balance-Thematik zu seinem Aufgabengebiet.

Dr.-Ing. Stefan Bader (Jahrgang 1970) absolvierte erfolgreich eine Ausbildung zum Technischen Zeichner in einem Luftfahrtunternehmen. Danach studierte er Maschinenbau, Fachrichtung Fertigungstechnik an der Georg-Simon-Ohm Fachhochschule in Nürnberg mit Diplom-Abschluss. Von 1998 bis 2001 war er als Systemingenieur im Bereich Hubschrauberproduktion, sowohl in Deutschland als auch in Frankreich, beschäftigt. Als technisch versierter und promovierter Dipl.-Maschinenbauingenieur, beschäftigt in einem mittelständischen deutschen Unternehmen, leitet er großvolumige Vorhaben in diversen öffentlichen Beschaffungsprogrammen überwiegend für ausländische Kunden.

Stefan Bader

Firmeninterne Einflüsse auf ein Projekt

Abstract

Neben den bereits geschilderten Einflüssen von Kultur (siehe
TLV 1/2012) und äußeren Störgrößen (siehe TLV 2/2013) werden in dieser Ausarbeitung die Einflüsse auf ein Projekt, die firmenintern verursacht sind, praxisnah dargestellt und Lösungsmöglichkeiten aufgezeigt. Eines Projektleiters Hauptaufgabe ist
es, das magische Dreieck zu wahren – sprich die Kosten, die
Termine und die Qualität im Gleichgewicht zu halten.

Um einen Einblick zu erhalten, welche firmeninternen Faktoren
diese drei Stellgrößen beeinflussen können, werden hier Beispiele
aus der Praxis wiedergegeben.

Marcus Diedrich (Jahrgang 1975) ist Geschäftsführer der Diedrichs Creativ-Bad GmbH, einem mittelständischen Hersteller von Badmöbeln. Seit seinem Abschluss im Lehrberuf „Kaufmann im Groß- und Außenhandel" ist er im Unternehmen tätig und führt es in zweiter Generation. Parallel absolvierte er einen Masterstudiengang in Business Administration an den AKAD Privathochschulen mit dem Abschluss Master of Arts.

Sein großes Interesse gilt der Erforschung der Kommunikation von kleinen mittelständischen Unternehmen mit ihren internen als auch den externen Anspruchsgruppen. Zu diesem Zweck untersucht er, ob und inwiefern soziale Medien im Mittelstand genutzt werden und welchen Einfluss diese auf die Kundenkommunikation haben. Der Schwerpunkt seiner Forschungsarbeit liegt darauf, wie Social Media die Unternehmenskultur verändert und ob sie im Mittelstand Akzeptanz als Kommunikationsinstrument findet.

Marcus Diedrich

Konzeptionelle Grundlagen von Social Media

Abstract

Im Web 1.0 waren die Informationsmöglichkeiten für Kunden begrenzt. Anlaufpunkte waren Unternehmenskataloge, Prospekte, Newsletter oder die Website der Unternehmen. Der Umfang an Informationsquellen und insbesondere deren Aktualität waren eingeschränkt. Das Web 2.0 ist eine Weiterentwicklung des Web 1.0, die in erster Linie durch Partizipation und Einbindung des Internetnutzers gekennzeichnet ist. In diesem Beitrag soll die Grundlage für das Verständnis der sozialen Medien innerhalb des Web 2.0 geschaffen werden. Es wird aufgezeigt, welche technischen Entwicklungen nötig waren, um das Web 2.0 zu ermöglichen und welche Auswirkungen die soziale Medien auf die Kommunikation haben.

Marcus Diedrich
Department of Information Systems
Faculty of Management
Comenius University in Bratislava
Bratislava, Slovakia
info@marcusdiedrich.de

Michal Greguš, PhD
Department of Strategy and Entrepreneurship
Faculty of Management
Comenius University in Bratislava
Bratislava, Slovakia
Michal.Gregusml@fm.uniba.sk

Michal Greguš, PhD (Jahrgang 1974) studierte an der Fakultät für Mathematik und Physik der Comenius Universität in Bratislava. Im Anschluss führte er fünf Jahre in der IT-Branche für Centaur S.r.o. einige interessante Projekte für Unternehmen unterschiedlicher Größe durch. Er befasste sich mit Datenbanken, Web-Technologien und Programmierungen in mehreren höheren Programmiersprachen.

Derzeit arbeitet er als wissenschaftlicher Mitarbeiter am Lehrstuhl für Strategie und Unternehmensgründung an der Fakultät für Management der Comenius Universität in Bratislava, wo er Lehrfächer im IT-Bereich, insbesondere Datenbanksysteme, lehrt. Seine Forschungsbereiche sind Big Data und das IT-Projektmanagement.

Michal Greguš / Marcus Diedrich

Einflüsse von Social Media auf die Unternehmenskommunikation

Abstract

Dieses Kapitel beschäftigt sich mit den Einflüssen von Social Media auf die Unternehmenskommunikation, denn Social Media ist innerhalb einer Organisation weniger technisches als vielmehr kulturelles Thema. Wenn Kommunikation von und in Unternehmen thematisiert wird, dann findet dies zwangsläufig in einem durch Unternehmenskultur geprägten Umfeld statt. Oft gibt es Reibungspunkte zwischen den kulturellen Anforderungen von Social Media und der im Unternehmen vorhandenen Kultur. Dem Thema Vertrauen kommt in einer offenen Unternehmenskultur eine besondere Bedeutung zu: Je offener die Kommunikation, desto größer ist das signalisierte Vertrauen in die Mitarbeiter. Eine Anpassung der Unternehmenskultur in Richtung Transparenz und Offenheit ist unumgänglich, soll Social Media erfolgreich in den Instrumentenmix der Kommunikation integriert und von den Mitarbeitern auch aktiv angewendet werden.

Ausgabe 1/2016
Die Artikel

Lars Audehm

Digitalisierung zwischenbetrieblicher Geschäftsprozesse

1 Einleitung

Mit fortschreitender Entwicklung der Informationstechnologie ist es für die Unternehmen immer wichtiger, sich der stärker werdenden Konkurrenz zu stellen. Die Unternehmen sind nicht mehr lokalen Märkten tätig, sondern agieren global. Die Rahmenbedingungen haben sich nicht nur für Großunternehmen, sondern auch für kleine und mittlere Unternehmen (KMU) geändert.

Durch den Einsatz von innovativen Technologien und neuen Serviceleistungen kann die Wettbewerbsfähigkeit gesteigert werden. Mit zunehmender Globalisierung verwischen sich die klassischen Unternehmensgrenzen. Dies führt zu einer Virtualisierung von Markt- und Unternehmensstrukturen. Aus wirtschaftlich und rechtlich selbständigen Unternehmen bilden sich durch Verträge Netzwerke. Die zwischenbetrieblichen Geschäftsprozesse und organisatorischen Strukturen sollen in das Netzwerk integriert werden. Die Abwicklung immer wiederkehrender Geschäftsvorfälle zwischen symbiotisch verbundenen Unternehmen kann durch EDI (Electronic Data Interchange) effizienter gestaltet werden. „EDI ist der unternehmensübergreifende Austausch von strukturierten Geschäftsdokumenten"[1] zwischen den Anwendungssystemen verschiedener Unternehmen. Das Ziel von EDI ist die medienbruchlose automatische Kommunikation zwischen Unternehmen. EDI ist keine neue Technologie auf dem Markt, hat aber bisher in vielen Bereichen noch keine hohe Marktdurchdringung erreicht. Zunächst wird die EDI Technologie im Detail betrachtet um später weitere Möglichkeiten zur Digitalisierung von Geschäftsprozessen abzuleiten.

---

[1] Deutsch, M. (1995), S.5

2 Elektronischer Datenaustausch

2.1 EDI-Konzepte

2.1.1 Einführung in EDI

EDI entstand Anfang der siebziger Jahre. Verschiedene Branchen und die öffentliche Verwaltung hatten unabhängig voneinander begonnen, den Datenaustausch zu realisieren. Die bekanntesten noch heute eingesetzten Anwendungen sind SWIFT (Banken) und SITA (Flugbuchungen). Die entwickelten Lösungen waren aber Insellösungen, da sie nur innerhalb der Branche oder zwischen zwei Partnern genutzt werden konnten. Es musste ein branchenübergreifender Standard gebildet werden. Als Standard haben sich ANSI X12 und UN/EDIFACT herausgebildet. Das EDIFACT Akronym steht für Electronic Data Interchange for Administration, Commerce and Transport. Der EDIFACT-Standard besteht aus Normen, Verzeichnissen und Richtlinien, die für den elektronischen Geschäftsverkehr empfohlen werden. „Bei EDI handelt es sich um den automatischen Austausch von Ge Geschäftsdaten zwischen DV-Anlagen über Telekommunikationsnetze und unter Verwendung von strukturierten standardisierten Formaten für die zu übertragende Information" [2]

---

[2] Stoetzer, M.W. (1994), S.15

Stoetzer zeigt in seiner EDI-Definition, dass EDI auf die Automatisierung der Informationsverarbeitung zurückzuführen ist. Die zwischenbetriebliche Kommunikation geschieht nicht mehr interpersonell, sondern zwischen zwei IT-Systemen. Manuelle Eingriffe sind nur noch zu Kontrollzwecken nötig. Medienbrüche werden durch die Kommunikation zwischen den DV-Systemen weitgehend vermieden. Studien haben gezeigt, dass 70% aller zu erfassenden Daten von einem Computer stammen. Zwischen den Wirtschaftssubjekten werden nur strukturierte Daten ausgetauscht. Darunter sind Rechnungen, Lieferscheine etc. zu verstehen. Als unstrukturierte Daten sind Briefe und sonstige Nachrichten anzusehen, da ihre Inhalte und ihr Aufbau keine eindeutige Struktur haben. Ein weiteres Merkmal für Dokumente, die elektronisch ausgetauscht werden können, ist, dass sie häufig vorkommen und immer wieder ausgetauscht werden.

2.1.2 Aufbau und Grundlagen der EDIFACT-Norm

EDIFACT steht für Electronic Data Interchange for Administration, Commerce and Transport. 1988 wurde EDIFACT zur Norm erklärt (ISO 9735, EN29735, DIN 16556). Zurzeit gibt es mehr als 200 Geschäftsnachrichten, die verabschiedet sind oder sich in der Normung befinden. Um eine störungsfreie Kommunikation zu ermöglichen, sind bestimmte EDIFACT- Regeln definiert worden. Die drei wesentlichen Grundbausteine sind:

1. Der zu verwendende Zeichensatz

Typen A bis D, wobei Typ A nur druckbare Zeichen enthält, Typ B enthält zusätzlich alle in der Datenkommunikation zulässigen Zeichen des 7 bzw. 8 Bit Codes. Typen C und D enthalten zusätzlich noch nationale Zeichensätze.

2. Der Wortschatz (Datenelemente)

Das Datenelement, die Datenelementgruppe und die Gruppendatenelemente sind die Bausteine für EDI-Nachrichten. Das Datenelement ist die kleinste Informationsgröße für die Informationen. Sie stehen immer in einer festen Reihenfolge. Ihre Identifikation erfolgt durch ihre Position im Segment.

Datenelementgruppen haben einen logischen oder sachlichen Zusammenhang. Gruppendatenelemente sind die einzelnen in einer Datenelementgruppe enthaltenen Datenelemente. Auch hier stehen die Datenelemente in einer festen Reihenfolge.

Das Segment ist die Zusammenfassung von logisch zusammenhängenden Datenelementen und /oder Datenelementgruppen (z.b. Bankverbindung und Zahlungsbedingung), anhand derer sie identifiziert werden können. Es wird zwischen zwei Arten von Segmenten unterschieden.

Die Nutzdatensegmente enthalten die Informationen. Die Servicesegmente hingegen dienen der Strukturierung und Identifikation der Übertragungsdatei. Eine Nachricht stellt die Segmente zusammen, die für die Darstellung eines Geschäftsvorgangs erforderlich sind. Es werden nur mit Inhalt gefüllte Segmente in der Nachricht übertragen.

Die Nachrichtengruppe ist eine Zusammenfassung von Nachrichten gleicher Art für denselben Empfänger. Durch die Nachrichtenreferenznummer kann jede Nachricht beliebig identifiziert werden. Deshalb kann die Reihenfolge innerhalb der Nachrichtengruppe beliebig gewählt werden. Die Nachrichtengruppe wird durch Angaben im Kopfsegment als Nachrichtengruppe (UNG) identifiziert.

Das Ende der Nachrichtengruppe wird durch das Nachrichtenend-
segment (UNE) gekennzeichnet. Die Übertragungsdatei ist eine
Zusammenfassung von Nachrichtengruppen oder Nachrichten.
Die Reihenfolge der Nachrichten bzw. Nachrichtengruppen ist
beliebig. Das Ende (UNZ) und den Anfang (UNB) identifizieren
bzw. begrenzen die Übertragungsdatei.

Die Trennzeichen, die die Bausteine voneinander abgrenzen:

Segmentbezeichner u. Datenelement-Trennzeichen (+)
Gruppendaten-Trennzeichen (:)
Segment-Endezeichen (')

Die Datenelemente und Segmente sind ihrer Länge variabel. Sie
müssen im Gegensatz zu Datensätzen fester Länge nicht aufgefüllt werden. Ein Vorteil ist, dass nur gefüllte Elemente übermittelt werden. So kann das zu übertragene Datenvolumen gesenkt
werden. Bei der EDIFACT- Nachricht wird zwischen Muss- und
Kannsegmenten unterschieden. Kannsegmente können unausge-
füllt bleiben oder ganz weggelassen werden.

2.1.3 Vorteile durch den EDI- Einsatz

Durch die Einführung von EDI werden zwischenbetriebliche
Anwendungssysteme verbunden. Durch die Integration der
zwischenbetrieblichen Geschäftsprozesse in die Strukturen der
Partner sollen die Prozesse vereinfacht und effizient gestaltet
werden.
Die zentralen Aspekte des EDI-Einsatzes sind:

Elektronischer Austausch von Geschäftsdaten **über das Tele-
kommunikationsnetz**. Zwischen den **Anwendungen koope-
rierender** Unternehmen unter Nutzung **von standardisierten**

Datenaustauschformaten und **Kommunikationsprotokol-len** mit einem **Minimum an manuellen Eingriffen.**

Ein wesentliches Potential entsteht, indem die manuellen Eingriffe auf ein Minimum beschränkt werden. Durch die automatische Erfassung können die EDI-Dokumente ohne Medienbruch direkt in das Anwendungssystem übernommen werden. Durch die Automatisierung verläuft die Auftragsbearbeitung schneller und mit weniger Fehlern. Dies führt, verbunden mit der Senkung des Administrationsaufwands, zu Kosten- und Zeitersparnissen. Dem Ersparnispotential stehen die Investitionen für die Hard- und Software gegenüber. Die Kosten für die Einführung (Qualifikation des Personals, Restrukturierungsmaßnahmen) können je nach Unternehmensgröße und Anzahl der EDI-Partner sehr hoch sein.

Die traditionellen Abläufe im Unternehmen bleiben zunächst bestehen, nur der manuelle Aufwand wird reduziert. Durch den reduzierten Aufwand können zunächst Personalkosten eingespart werden. Bei einer Integration von EDI in die Geschäftsprozesse sollten auch die traditionellen Abläufe überdacht werden, da hier noch Potentiale für Kosteneinsparungen vorhanden sind. Als wichtigste Kostenarten sind zu nennen:

Personalkosten

Administrative Kosten der Dokumentenverwaltung (sammeln, verteilen, archivieren)

Übermittlungskosten

Durch die schnellere Übertragung stehen dem Unternehmen auch aktuellere Daten zur Verfügung. Die höhere Datenaktualität kann die Disposition verbessern. Die Lager- und Materialkosten sinken.

Neben dem organisatorischen Nutzen ergeben sich auch strategische Potentiale. Diese lassen sich nicht sofort in monetären Strömen ausdrücken. Sie haben eher einen langfristigen Charakter. Der zwischenbetriebliche Datenaustausch wird durch den Einsatz von EDI schneller. Durch die Zeiteinsparungen lassen sich erst neue Logistikkonzepte wie JIT, ECR realisieren, da diese Konzepte die umgesetzten strategischen EDI-Effekte nutzen.

„Strategische EDI-Effekte ergeben sich nicht automatisch aufgrund des EDI-Einsatzes. Erforderlich ist eine darauf abgestimmte Geschäftsprozessgestaltung".

Beschleunigung des Aktions-/ Reaktionsverhaltens

Intensivierung des Kunden- bzw. Lieferantenkontaktes

Imagepflege (innovationsfreudig)

Ausgleich von Standortnachteilen

Neue Kooperationsformen zur effizienten Zusammenarbeit

Bessere Aufgabenkoordination und Kontrolle

Angebot neuer Leistungen

Beschleunigung von Zahlungen (z.B. Gutschriftenverfahren)

Entwicklung elektronischer Marktformen

2.2 Organisatorische Integration von EDI

2.2.1 Theorie der Organisation

2.2.1.1 Transaktionskostentheorie

Die Untersuchungseinheit der Transaktionskostentheorie ist die einzelne Transaktion. Eine Transaktion ist definiert als die Übertragung von Verfügungsrechten. Die Kosten für Information und Kommunikation fallen bei der Anbahnung, Vereinbarung, Abwicklung, Kontrolle und Anpassung an. Die Höhe der Transaktionskosten ist abhängig von den Akteuren, Kontrollen und der Anpassung. Transaktionskosten sind der Effizienzmaßstab zur Beurteilung und Auswahl unterschiedlicher institutioneller Arrangements.

Ein besonderes Transaktionsproblem sind opportunistisch handelnde, mit begrenzter Rationalität ausgestattete Wirtschaftssubjekte, die unsichere Transaktionsbeziehungen eingehen. Wenn es bei Eingang einer solchen Transaktionsbeziehung noch zu einer asymmetrischen Verteilung von Wissen / Information kommt, werden die durch den Preismechanismus koordinierten Formeln des Leistungsaustausches zu transaktionskostenintensiv.

Eine transaktionskostensenkende Maßnahme ist eine stärkere Einbindung der Transaktionspartner oder das opportunistische Verhalten erschwerende Organisationsformen. Diese wichtigen Einflussgrößen sind Spezifität, Unsicherheit, Verhaltensannahme Opportunismus, begrenzte Rationalität und die Möglichkeit zur Informationsverteilung.

Die Spezifität einer Transaktion ist umso größer, je größer der Wertverlust ist, wenn die Ressource für die nächstbeste Verwendung zugeführt wird. Spezifität wird erst mit Opportunismus der Wirtschaftssubjekte zum Problem. Durch das opportunistische Verhalten sind die Wirtschaftssubjekte nur an der Verwirklichung von Interessen, die sie persönlich betreffen und einen Vorteil für sie bringen, interessiert. Die Unsicherheit ist ein Problem, wenn die Individuen rational handeln möchten, es ihnen aber in Folge einer eingeschränkten Informationsverarbeitungskapazität nicht gelingt. Durch die Unsicherheit der Umwelt ist eine häufige Vertragsänderung nötig, wobei eine Erhöhung der Transaktionskosten in Kauf genommen wird.

Unter Informationsverteilung wird die unterschiedliche Verteilung von Wissen zwischen zwei Transaktionspartnern verstanden. Es besteht die Gefahr, dass ein Transaktionspartner seinen Informationsvorsprung gegenüber dem anderen opportunistisch ausnutzt (Mittelpunkt des Principal-Agent Ansatzes).

Die Transaktionshäufigkeit bestimmt die Amortisationszeit. Die ökonomische Vorteilhaftigkeit von Unternehmensstrukturen oder langfristiger Kooperation kann durch Kooperationsverträge gesichert werden. Die Transaktionsatmosphäre beinhaltet alle relevanten sozialen, rechtlichen und technologischen Rahmenbedingungen (gegenseitiges Vertrauen und Werthaltung). Schutzklauseln sind in den Kooperationsverträgen nicht mehr nötig. Wenn kein Know-how und Kapital vorhanden sind, müssen diese durch langfristige Kooperationsverträge beschafft werden.

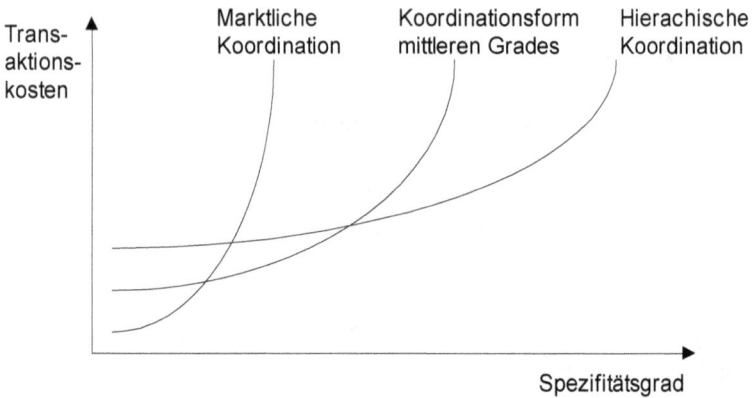

Abb. 1: Koordinationsformen und Spezifität[3]

Zwischen den beiden Extremformen Markt und Hierarchie finden sich eine Vielzahl von Zwischenformen. Durch die transaktionstheoretischen Überlegungen, lässt sich das Verwischen der Unternehmensgrenzen begründen. Für eine räumlich dezentrale, betriebsübergreifende Aufgabenabwicklung, lassen sich aus der Transaktionskostentheorie wertvolle Gestaltungsempfehlungen ableiten. Diese lassen sich ohne transaktionskostenerzeugende Informations- und Kommunikationssysteme nicht verwirklichen.

---

[3] Picot, A. (1998), S.45

2.2.1.2 Property Rights

Die Koordination wirtschaftlicher Aktivitäten erfordert den Einsatz von Ressourcen und verursacht Kosten, die als Koordinations- oder Transaktionskosten bezeichnet werden. Transaktionskosten sind „Produktionskosten" einer Koordinationsleistung.

Der Markt ist ein wirtschaftlicher Ort, auf dem Güterangebot und Güternachfrage zusammentreffen. Tauschvorgänge werden ermöglicht. Je gleichartiger die Tauschvorgänge auf dem Markt werden, desto mehr nähert man sich einem homogenen Markt an. In der neoklassischen Markttheorie ist der Preis für alle auf dem Markt relevanten Informationen entscheidend.

Annahme:
Alle Wirtschaftssubjekte haben die vollkommene Information, das heißt, es fehlt jede Form von externen Effekten. Es bestehen nur sehr geringe Probleme bei der Verteilung von marktlich relevanten Informationen.

Die Koordination des Marktgeschehens erfolgt durch einen sogenannten Auktionator. Gleichwertige Güter werden zu gleichen Preisen gehandelt, Informationen sind kostenlos. "Die Knappheit wirtschaftlicher Güter und die daraus resultierenden ökonomischen Probleme, sowie die Möglichkeit ihrer Verminderung durch arbeitsteilige Aufgabenerfüllung, bilden den Kern des betriebs- und verkehrswirtschaftlichen Organisationsproblems".[4]

---

[4] Picot, A. (1998), S. 20

Property-Rights-Theorie:

Die Property-Rights-Theorie basiert im Wesentlichen auf:

- Verhaltensannahme individueller Nutzenmaximierung
- Existenz von Property-Rights
- Existenz von Transaktionskosten
- Auftreten von externen Effekten

Jeder versucht seinen individuellen Nutzen zu maximieren. Gewinnmaximierung ist die Leitmaxime unternehmerischen Handelns.

Property-Rights sind die mit einem Gut verbundenen Handlungs- und Verfügungsrechte. Die Property-Rights an einem Gut stehen den Wirtschaftssubjekten aufgrund von Rechtsordnungen und Verträgen zu. Die Property-Rights können in vier Einzelrechte aufgeteilt werden.[5]

- Rechte, die die Nutzung eines Gutes betreffen (usus)
- Rechte, die Form und die Substanz des Gutes zu verändern (abusus)
- Rechte, die aus dem Gut zu ziehenden Gewinne sich anzueignen, bzw. Verpflichtungen, die aus der Nutzung des Gutes resultierenden Verluste zu tragen (usus fructus)
- Rechte, das Gut an Dritte zu veräußern (Kapitalisierung, Liquidationsrecht).

---

[5] vgl. Picot, A. (1998), S. 39

Transaktionskosten entstehen bei der Herausbildung, Zuordnung, Übertragung und Durchsetzung von Property Rights. Die Transaktionskosten sind insbesondere Kosten für Information und Kommunikation, Anbahnung und Abwicklung eines Leistungsaustausches. Transaktionskosten sind ein Effizienzkriterium zur Beurteilung und Auswahl unterschiedlicher Property-Rights Verbindungen.

Externe Effekte entstehen immer, wenn ein Individuum nicht alle Property Rights an einem Gut hat (Entstehung von positiven und negativen externen Effekten). Aus theoretischer Sicht ist nur die Property Rights Verteilung effizient, bei der die Summe aus Transaktionskosten und der durch negative, externe Effekte hervorgerufene Wohlfahrtsnutzen minimiert wird. Die Property Rights Theorie trägt zu einem differenzierten Bild des Unternehmens bei. Betriebswirtschaftliches Anwendungsgebiet sind die ökonomische Analyse von Unternehmensverfassung und die Untersuchung aller Entscheidungen, die zu einer Veränderung in den Handlungs- und Verfügungsrechten eines Unternehmens führen.

2.2.1.3 Principal-Agent-Theorie

Inhalt der Principal-Agent-Theorie ist eine arbeitsteilige Arbeitgeber / Arbeitnehmer-Beziehung. Die Beziehung ist durch eine asymmetrische Informationsverteilung und Unsicherheit über das Verhalten der Partner und deren Umwelt geprägt.

Principal-Agent Beziehungen sind durch das Verhältnis der beiden Parteien gekennzeichnet. Die eine Partei (Principal) hat gegenüber der anderen Entscheidungs- und Ausführungskompetenzen. Die Theorie konzentriert sich auf die Ermittlung des optimalen Vertragsdesigns zur Steuerung und Beherrschung der Principal-Agent-Beziehung. Es ist nicht eindeutig festzulegen, wer in dieser Beziehung der besser Informierte ist. Die Principal-Agent-Theorie ist folglich eine Lehre von den Innenbeziehungen einer Institution. Sie kann auf Kooperation und strategische Allianzen zwischen rechtlich und wirtschaftlich selbständigen Unternehmen angewandt werden. Einen Kooperationsvertrag kann auch eine Institution erstellen.

In der Realität ist das Wissen der beiden Parteien unvollständig. Aus diesem Mangel entsteht für den Agenten die Möglichkeit, seinen Informationsvorsprung zu seinem eigenen Vorteil auszunutzen.[6]

Die Agentenkosten setzen sich folgendermaßen zusammen:

- Überwachungs- und Kontrollkosten des Principals
- Garantiekosten des Agenten und der verbleibenden Residualzeit (Wohlfahrtsverlust)

Die Principal-Agent-Theorie dient der Erklärung und Gestaltung der Principal-Agent-Beziehung.

---

[6] Vgl. Picot, Dietl, & Franck, 2005 S.74

"Hidden characteristics" sind vor Vertragsabschluss vorhanden, da der Principal die Leistungen des Agents ex ante nicht kennt. Die Gefahr des "Mortal hazards" entsteht, wenn der Agent seine Vertragsspielräume ausnutzen kann. Unter "hidden action" versteht man die Probleme, die auftreten, wenn einem Principal das nötige Fachwissen fehlt, um seinen Agenten zu beurteilen. Aus der Principal-Agent-Theorie lassen sich konkrete Gestaltungsempfehlungen erarbeiten, um die aus der asymmetrischen Informationsverteilung herrührenden Probleme zu beherrschen.

2.2.2 Potentiale der EDI-Automatisation und Integration

Die einzelnen Unternehmen besitzen alle unterschiedliche DV-Anlagen, die miteinander inkompatibel sind. Die Anwendungssysteme haben oftmals noch monolithische, herstellerabhängige Strukturen, die ein unabhängiges Datenaustauschformat brauchen. Die meisten Programme sind nicht dafür vorgesehen mit anderen Systemen Daten auszutauschen. Bei der Programmierung wurde die Interoperabilität mit den anderen Systemen nicht implementiert. Eine Anpassung der bestehenden Systeme ist aus ökonomischer Sicht nicht sinnvoll, da die Kosten die Neuanschaffung eines EDI-Systems übersteigen würden.

Die ankommenden EDI-Daten werden von der EDI-Anwendung in das firmeninterne Format konvertiert. Dabei wird die Absenderauthenzität überprüft und der Eingang der Nachricht bestätigt. Die durch die Konvertierung entstandenen Zwischenstrukturen (FlatFiles) können nun in das Anwendungssystem übernommen werden. Bei einem vorhandenen Anwendungssystem gibt es zwei Möglichkeiten EDI zu implementieren:

Individualentwicklung

Die Individualentwicklung unterstützt in der Regel nur die im Moment der Implementierung benötigten Nachrichten. Der Datenimport und -export geschieht über Batchdateien ohne Geschäftsprozessintegration. Der Pflege- und Wartungsaufwand für diese Module ist sehr groß, wenn Anpassungen der Nachrichtenformate durchgeführt werden müssen.

Modul des Herstellers

Der Hersteller der Anwendungssysteme hat eine funktionelle Erweiterung für sein Programm geschaffen. Häufig weisen solche Ergänzungen die gleichen Schwächen wie eine Individualprogrammierung auf. Bei neueren Anwendungssystemen wie SAP R/3 sind schon EDI-Schnittstellen standardmäßig implementiert. So kann für jeden Geschäftsvorfall entschieden werden, ob die Abwicklung auf dem „normalen" Papierweg erfolgen oder eine EDI-Nachricht generiert werden soll. Zusätzliche Tools ermöglichen die flexible Anpassung der Konverter, die nicht mehr starr programmiert sind. Das Automatisierungspotential unterscheidet organisatorische und technische Integration.[7]

---

[7] vgl. Seffinga, J., u.a. (1996), S. 53 ff

2.2.2.1 Technische Integration

In Anlehnung an Swatman/Swatman/Fowler umfasst das Modell
der technischen Integration fünf Stufen:[8]

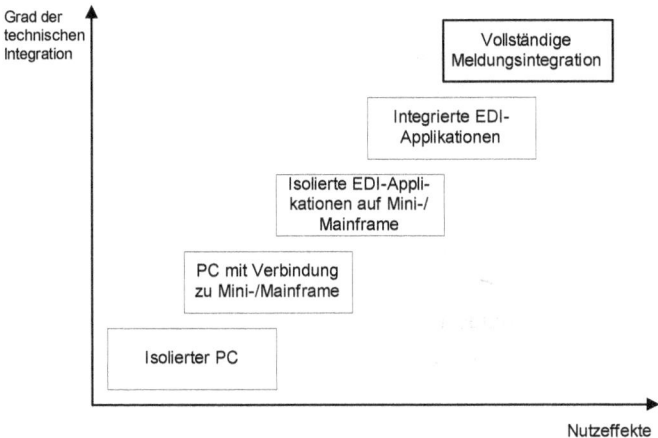

Abb. 2: Zusammenhang technische Integration und Nutzeffekte

Die erste Stufe bildet ein Standalone-PC mit installierter EDI
Software. An diesem PC werden die EDI-Nachrichten eingegeben
und versandt. Die angekommenen Nachrichten werden hier aus-
gedruckt. Diese Form der EDI- Nutzung hat keinen Einfluss auf
die Geschäftsprozesse der Unternehmung. Durch die manuelle
Erfassung lässt sich keine Rationalisierung außer der schnelleren
Übertragung feststellen.

In der zweiten Stufe wird der PC mit dem Main/Miniframe- oder
Server System verbunden und kann so Daten und Meldungen
zwischen den beiden Systemen austauschen.

---

[8] vgl. Swatman P. u.a. (1994), Vol. 3 Nr.1

In der dritten Stufe wird der EDI-PC durch den Einsatz der EDI-Software auf dem Host selber substituiert. Die isolierte EDI-Applikation läuft auf dem Mainframe-/Server-System.

In der vierten Stufe werden die EDI-Meldungen in die Anwendungsapplikationen integriert. Bei einer vollständigen Integration des Datenaustausches mit unternehmensinternen und -externen Partnern ist die höchste Integrationsstufe erreicht.

2.2.2.2 Organisatorische Integration

Neben der technischen Integration muss auch die organisatorische Integration betrachtet werden. Der Einsatz von EDI kann einerseits eine Reorganisation von Geschäftsprozessen auslösen. Andererseits aber kann auch die strategische Neuausrichtung des Unternehmens den Einsatz von EDI induzieren. Auch hier lassen sich zwei Ansatzpunkte finden.

Substitutiver Einsatz

Der papiergebundene Geschäftsaustausch wird durch einen elektronischen Datenaustausch ersetzt. Die Rationalisierungseffekte resultieren im Wesentlichen aus Fehlerminimierung und Einsparungen bei Druck- und Personalkosten. Die EDI-Nachricht wird nicht anders behandelt als das vorhergehende Papierdokument. Die Abwicklungsgeschwindigkeit wird allerdings erhöht, so dass es im Zahlungsverkehr zu einer Entlastung des Cashmanagements kommt. Eine Veränderung an den unternehmensinternen und – externen Geschäftsprozessen findet nicht statt.

Innovativer Einsatz

Bei einem innovativen Einsatz werden überwiegend strategische Ziele verfolgt. Während beim substitutiven Einsatz nur die Datentransformation beschleunigt wird, werden beim innovativen Einsatz auch die Prozesse modifiziert oder nichtwertschöpfende Prozesse eliminiert.

In der folgenden Abbildung werden die substitutiven und innovativen EDI-Einsatz-möglichkeiten nach Porter dargestellt.[9]

Unterneh-mens-infrastruktur	Substitutiv:	Schneller Daten- und Dokumentenaustausch, automatisierte Zahlungsabwicklung, elektronische Rechnungen, Steuermeldungen
	Innovativ:	Schnelle Entscheidungsfindung, Cash-Management, JIT- Informationen, Outsourcing
Personalwirt-schaft	Substitutiv:	Elektronische Weitergabe von Gehaltszahlungen und Sozialabgaben, elektronischer Austausch von Sozialversicherungsdaten
	Innovativ:	Umschulung, Qualifikation,Entlassung, Akquisition
Forschung und Entwicklung	Substitutiv:	Austausch von Entwicklungsrichtlinen und Konstruktionsdaten
	Innovativ:	FuE-Kooperationen, "Konferenz-Engineering", internationale Entwicklungsprojekte, simultaneous engineering
Beschaffung	Substitutiv:	Elektronische Bestellung, Angebotseinholung

[9] Porter, M.E. (1992)

	Innovativ:
	Elektronische Beschaffungsmärkte, elektronische Abwicklung von Beschaffungsaktionen, globale Beschaffungskonzepte

Beschaf-fungspolitik	Produktion	Marketing	Ausgangs-/ Vertriebslo-gistik	Kunden-dienst
Substitutiv: Übertragung von Trans-port- und Bestandsda-ten Innovativ: Auslagerung der Lager-haltung, Qualitäts-prüfung, elektron. Verfolgung	Substitutiv: Austausch produktrele-vanter Da-ten Innovativ: Verringe-rung de Fertigungs-tiefe, Lean Production, Konzentra-tion auf strategisch wichtige Aufgaben	Substitutiv: Übertragung der Ver-kaufszahlen, Artikel-stammdaten, Preisen, Angeboten, Bestelldaten Innovativ: Kundenin-formations-systeme, EDI-Werbung, Warenwirt-schaftssyste me, elekt-ron. Ange-botsmärkte	Substitutiv: Schnellere Informatio-nen über Fracht und Standort Innovativ: Auslagerung der Lager-haltung, Qualitäts-kontrolle	Substitutiv: Übertragung von Ge-brauchsanw eisungen Innovativ: Fehlermi-nimierung, besserer und erweiterter Kunden-dienst, Ferndiagno-se

der Liefer- spediteure. JIT- Anbin- dung				

Abb. 3: Substitutive und innovative Einsatzmöglichkeiten von EDI [10]

2.3 Klassisches EDI

2.3.1 ISO/OSI Modell

Das von der ISO (International Standard Organization) entwickelte Referenzmodell ist heute der allgemein anerkannte begriffliche und konzeptionelle Rahmen für die Kommunikation in offenen Netzen.

Zunächst wurden geschlossene, herstellerspezifische Netze entwickelt. Eine Kommunikation zwischen den einzelnen Netzen war nicht möglich. Durch den immer ständig steigenden Kommunikationsbedarf wurden offene Systeme nötig. Diese sind gekennzeichnet durch: 11
Vollständige Trennung von Anwendungs- und Kommunikationsfunktionen
Gleichberechtigte Kommunikation zwischen den Endsystemen

---

[10] Quelle: Seffinga J.,u.a. (1996), S. 12

[11] Franck, R. (1986), S.8

Anschlussmöglichkeiten für Endgeräte beliebigen Fabrikats über einheitliche Bereitstellung einheitlicher, standardisierter Schnittstellen am Netzrand.

Basis Referenzmodell

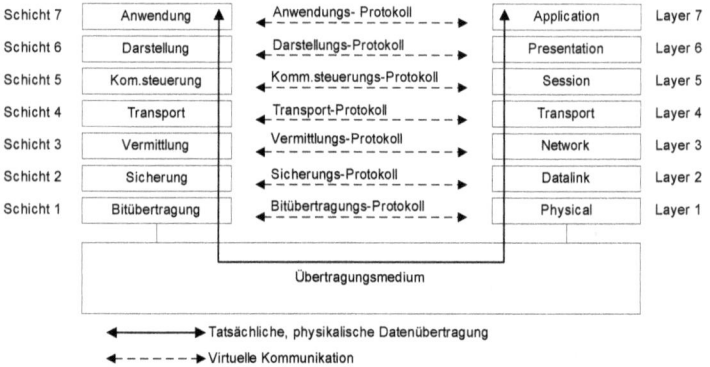

Schicht 7	Anwendung	Anwendungs- Protokoll	Application	Layer 7
Schicht 6	Darstellung	Darstellungs-Protokoll	Presentation	Layer 6
Schicht 5	Kom.steuerung	Komm.steuerungs-Protokoll	Session	Layer 5
Schicht 4	Transport	Transport-Protokoll	Transport	Layer 4
Schicht 3	Vermittlung	Vermittlungs-Protokoll	Network	Layer 3
Schicht 2	Sicherung	Sicherungs-Protokoll	Datalink	Layer 2
Schicht 1	Bitübertragung	Bitübertragungs-Protokoll	Physical	Layer 1

Übertragungsmedium

Tatsächliche, physikalische Datenübertragung
Virtuelle Kommunikation

Abb. 4: Das ISO/OSI Basismodell

Das Modell besteht aus zwei Teilen. Innerhalb jedes Teilsystems wird vertikal kommuniziert. Des weiteren sind die Teile in 6 Schichten gegliedert. Jede Schicht kann nur mit der darunterliegenden Schicht kommunizieren. Weiterhin hat jede einzelne Schicht ihre eigenen Teilaufgaben für die Kommunikation. In jeder Schicht wird ein Protokoll festgelegt, ohne das keine Kommunikation möglich wäre. Jede Schicht kann nur die Dienste der darunterliegenden Schichten nutzen. Die Schnittstellen zwischen zwei benachbarten Schichten heißt SAP (Service Access Point). Die Daten, die übergeben werden, werden von der empfangenden Schicht um ihre eigenen Protokollinformationen ergänzt und dann an die darunterliegende Schicht weitergeleitet. Erst auf der untersten Ebene, der Bitübertragungsschicht, werden die Daten zwischen den beiden Systemen ausgetauscht. Auf dem Zielrechner verläuft der Prozess exakt umgekehrt. Die Daten werden von der untersten Schicht an die darüber liegende weitergegeben. Die empfangende Schicht entfernt nur die Protokollinformationen der darunterliegenden Schicht und leitet dann die Daten weiter.

Schicht 7: Anwendungsschicht (Application Layer)
Die Anwendungsschicht ist die Schicht mit der der Benutzer direkt in Kontakt kommt, bzw. die von der Applikation benutzt wird. Die Anwendungsschicht bildet die Schnittstelle zwischen den Anwendungsprozessen und dem Kommunikationssystem. Funktionen, die die Anwendungsschicht zur Verfügung stellt, sind z.B. FTP und E-Mail.

Schicht 6: Darstellungsschicht (Presentation Layer)
In der Darstellungsschicht wird die Syntax festgelegt. So können in der gemeinsamen Sprache dargestellte Informationen ausgetauscht werden. Auch die Syntaxtransformation, die rechnerverschiedene Darstellungsform von Informationen (Datentypen, Codes) wird hier eindeutig definiert.

Schicht 5: Kommunikationssteuerungsschicht (Session Layer)
In der Kommunikationssteuerungsschicht wird das Protokoll zwischen den Kommunikationspartnern festgelegt. Auch die Organisation der Verbindung ist in diesem Protokoll enthalten. Die Wiederaufnahme nach einer Unterbrechung, ab einem zwischen den Partnern vereinbarten Punkt, ist in der Kommunikationsschicht definiert.

Schicht 4: Transportschicht (Transport Layer)
Die Transportschicht nimmt die Anforderungen über die Übertragungsqualität entgegen. Es werden entsprechende Aufträge erstellt und an die darunterliegenden Schichten weitergegeben. Ungenügende Leistungen der darunterliegenden Schichten werden von der Transportschicht ausgeglichen, indem eine Transportverbindung in mehrere Netzwerkverbindungen aufgesplittet wird. Die Daten der darunterliegenden Schicht werden in kleine Pakete aufgeteilt, die dann übermittelt werden (Segmentierung). Durch Unregelmäßigkeiten im Kommunikationsnetz können Datenpakete in der falschen Reihenfolge am Ziel eintreffen. Die Transportschicht hat dann die Aufgabe, die ursprüngliche Reihenfolge wiederherzustellen.

Schicht 3: Vermittlungsschicht (Network Layer)
Die Vermittlungsschicht hat die Aufgabe, die Kommunikation zwischen beliebigen Partnern über Zwischensysteme möglich zu machen. Diesen Dienst übernimmt das Routing für die übergeordneten Schichten.

Schicht 2: Sicherungsschicht (Datalink Layer)
Ungesicherte Verbindungen werden zu gesicherten Verbindungen verbessert. Gesichert heißt in diesem Zusammenhang, daß die Fehler in der Datenübertragung erkannt und korrigiert werden.

Schicht 1: Bitübertragungsschicht (Physical Layer)

In der Bitübertragungsschicht werden die Informationen über das vorliegende Übertragungsmedium übermittelt. Die Übertragungsmedien sind keine Bestandteile des OSI-Modells.

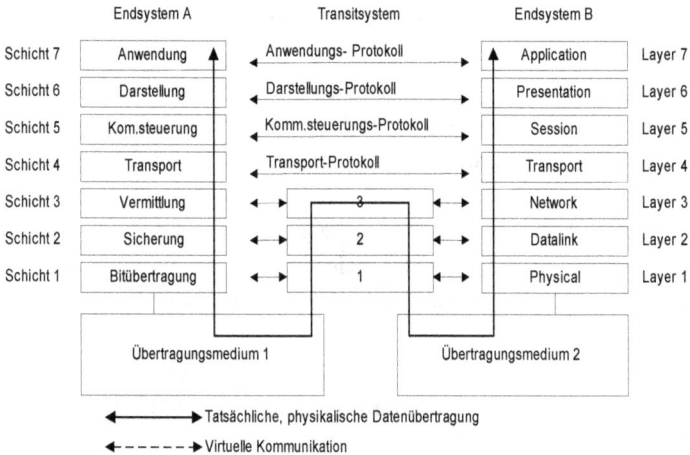

Abb. 5: Das erweiterte ISO/OSI Modell

Um Verbindungen in Rechnernetzen darstellen zu können, ist das erweiterte OSI-Modell nötig. Im erweiterten Modell werden Netzknoten beachtet und zwischen End- und Transitsystemen unterschieden. Das Transitsystem enthält nicht alle sieben Schichten, sondern nur die Schichten 1-3. Die Aufgabe des Transitsystems besteht darin, zwei Endsysteme miteinander zu verbinden. Für die Endsysteme ist das Transitsystem nur die Vermittlungsstelle.

2.3.2 Kommunikationskonzepte

Bei der Übermittlung von elektronischen Geschäftsdokumenten
gibt es zwei Übertragungsarten:

- Point-to-Point- Übertragungen
- Zwischengespeicherte Übertragungen

Der entscheidende Unterschied ist, dass bei Point-to-Point Übertragungen die Daten direkt beim Empfänger in dessen Computer-
system abgelegt werden. Bei zwischengespeicherten Übertragungen werden die Daten an einen Dienstleister übergeben, der da-
raufhin die Daten dem Empfänger zugänglich macht.[12]
Der Bereich der zwischengespeicherten Übertragung wird oft
auch als „zentralenorientiertes Kommunikationskonzept" bezeichnet.

**Endgeräteorientiertes Kommunikationskonzept (Point-to-
Point-Konzept)**

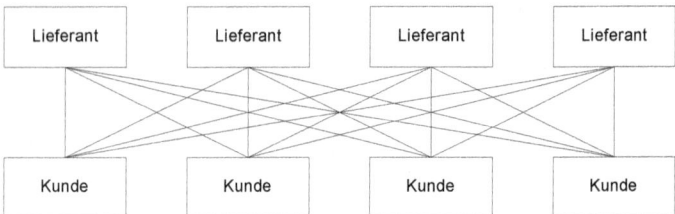

Abb. 6: Endgeräteorientierter Datenaustausch / Point-to-Point-
Konzept

---

[12] Deutsch, M. (1995), S.58

Beim Point-to-Point-Konzept wird eine direkte Verbindung zwischen den Endgeräten der Partner aufgebaut. Eine Stand- oder Wählleitung ermöglicht die Verbindung zwischen den Partnern. Bei der Standleitung bleibt die Leitung immer bestehen, es sind keine Rufnummern erforderlich. Eine Standleitung ist besonders kostengünstig, wenn große Datenvolumen übertragen werden müssen. Neben der hohen Ausfallsicherheit kommt es bei der Standleitung zu keinen Verzögerungen beim Zugriff auf die entfernte Ressource.

Beim Point-to-Point-Konzept müssen die Systeme der beiden Partner zur gleichen Zeit übertragungsbereit sein. Die Protokolle für den Verbindungsaufbau und die Datenübertragung sind auf beiden Systemen gleich zu implementieren. Point-to-Point-Verbindungen sind in der Regel mit einem sehr hohen Implementierungsaufwand verbunden, da mit jedem Unternehmen, mit dem kommuniziert werden soll, die Parameter für die Protokolle festgelegt werden müssen. Allerdings kann die Benutzung eines einheitlichen Protokolls den Implementierungsaufwand stark senken.

Folgende Kriterien sollte ein Protokoll erfüllen:[13]

Passwortschutz, um unberechtigte Zugriffe zu verhindern

Eindeutige Kennung

Weitgehende Automatisierbarkeit

Automatische Quittierungen bereits gesandter Daten während und am Ende der Übertragung

---

[13] Deutsch, M. (1995), S.59

Möglichkeiten zur Übersendung mehrerer Dateien

Wiederaufsetzverfahren bei Abbruch der Leitung

Verschlüsselungsmöglichkeiten

Komprimierung

Möglichkeiten zum Weiterleiten von Daten aufgrund der Adressierung

Verfügbarkeit auf verschiedenen Plattformen

Verschiedene Anbieter des gleichen Protokolls, um Unterschiede bei der Realisierung im Vorfeld zu erkennen

Möglichst geringe Anschaffungskosten

Bei den Protokollen sollte ein herstellerunabhängiges, standardisiertes Protokoll gewählt werden. Hier bietet sich z.B. FTAM an.

Das Protokoll FTAM (ISO Norm für File Transfer, Access und Management) hat folgende Anwendungsmöglichkeiten

Übertragung kompletter Dateien

Zugriff auf Teile von Dateien

Manipulation von Dateien

Mit FTAM lassen sich auch Responder und Initiator definieren. Durch die Definition des Responder-Initiator-Verhältnisses lässt sich eine Hol- und Bringschuld implementieren. FTAM ist ähnlich umfangreich wie EDIFACT. So müssen auch für FTAM Untermengen gebildet werden, um die Komplexität zu reduzieren. Trotz der Tatsache, dass FTAM die höchste Funktionalität der Point-to-Point Protokolle besitzt, setzt sich doch eher das OFTP durch. Es wurde in der Automobilindustrie lange erprobt und besitzt damit die größere Praxisakzeptanz 14.

Zentralenorientiertes Kommunikationskonzept (Mailbox-Konzept)

Wird der Administrationsaufwand beim Point-to-Point-Konzept zu groß, muß auf ein anderes Konzept zurückgegriffen werden. Es ist das konventionelle EDI, das sich vom Point-to-Point-Konzept zum multilateralen Datenaustausch entwickelt hat.

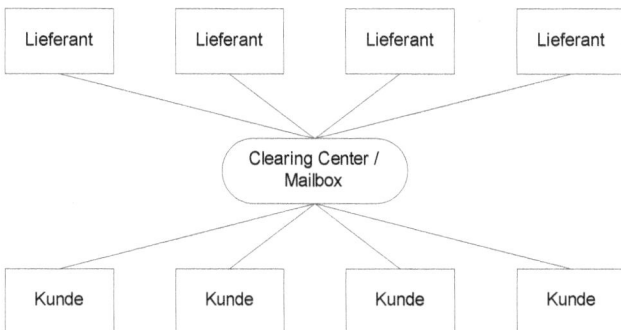

Abb. 7: Zentralenorientiertes Kommunikationskonzept (Mailbox-Konzept)

---

14 vgl. Deutsch, M. (1995), S. 67ff

Durch die Mailbox sind Sender und Empfänger nicht mehr zeit-abhängig. Eine direkte Verbindung ist nicht mehr nötig. Auch kann eine Nachricht über Verteilerlisten an verschiedene Empfänger versandt werden. Sende- und Empfangsbericht, ähnlich wie bei einem Faxgerät, sind möglich. Der Eingang bzw. das Abholen von Nachrichten kann auf Wunsch bestätigt werden. Der Austausch von Nachrichten wird unterschieden in IPM (Interpersoneller Mitteilungs-Übermittlungsdienst) und MT (Mitteilungstransfer). Beim Mitteilungstransfer werden die Nachrichten von einem DV-System erstellt. Der Empfänger ist auch ein DV-System. Das Protokoll für diese Dienstleistung ist X400. Das X400 Protokoll orientiert sich an der Briefpost und legt den Umschlag um die eigentliche Nachricht fest. Solche Mailbox- bzw. Mitteilungssysteme werden im allgemeinen als Message Handling System (MHS) bezeichnet. Der Begriff Clearing Center ist durch das Hinzufügen eines Mehrwertes charakterisiert. Der Mehrwert eines Clearing Centers liegt in verschiedenen Vorgängen, wie z.B. Ver- und Entschlüsselung von Nachrichten, Protokollierung und Archivierung derselben.

Store-and-forward Verbindungen

Bei store-and-forward Verbindungen ist analog wie beim Mailboxkonzept eine Zwischenspeicherung bei der Übertragung erforderlich. Für zwischengespeicherte Nachrichten gibt es drei verschiedene Formen.

Die einfachste Form ist der Datenaustausch mit Hilfe einer Mailbox. Das Konzept wurde im vorhergehenden Kapitel bereits erläutert. Die zweite Form ist das VAN (Value Added Network). Bei einem VAN werden die Nachrichten mit einem Mehrwert versehen. Ein Beispiel ist die Generierung von Empfangsbestätigungen.

Die dritte Form ist das Clearing- Center. Dieser Begriff wird nur dann benutzt, wenn es sich um ein reines Datenclearing handelt. Sonst entspricht das Clearing Center weitgehend dem VAN. Ein VAN kann ein öffentliches oder privates Netz sein. Die wichtigsten öffentlichen Netze werden im Folgenden charakterisiert.

DATEX-P Netz:

Die Sendepausen werden automatisch aufgefüllt. Die Anwenderdaten werden in Pakete gepackt und mit der Zieladresse versehen. Zunächst speichert die Vermittlungsstelle die Pakete so lange, bis sie eine Lücke in dem Strom zur nächsten Vermittlungsstelle gefunden hat. In die Lücke werden nun die zwischengespeicherten Pakete eingefügt. So können diese Daten mit den Daten von anderen DATEX-P Benutzern zum nächsten Vermittlungsknoten gelangen. Dort wird anhand der Adresse überprüft, an welchen Vermittlungsknoten die Pakete weitergeleitet werden müssen. Sie werden in den Datenstrom zu diesem Knoten eingefügt. Da Datex-P die Pakete für einige Millisekunden zwischenspeichert, wird dieses Verfahren store-and-forward genannt. Durch die Einzeladressierung der Pakete können diese auf einer Leitung mit unterschiedlichen Empfangsstationen übertragen werden. So ist die Übertragungsgeschwindigkeit zwischen den Knoten auch nicht mehr relevant, da die Sendestationen die Pakete an den Zwischenspeicher übergeben. Die Vermittlungsstation mit ihrer individuellen Zugriffsgeschwindigkeit entnimmt die Pakete dann wieder aus dem Zwischenspeicher.

Datex-P besitzt eine hohe Übertragungssicherheit, die auf die digitalen Anschlussleitungen und die mit HDLC gesicherte Übertragung zurückzuführen ist. Auch die Netzwerkknoten untereinander benutzen HDLC (High Level Data Link Control), um die Übertragungsfehler zu korrigieren. Beim Einsatz von HDLC wird außer den Nutzdaten noch ein Protokollrahmen übertragen. Dieser besteht aus einer Adresse, Steuerinformation und Prüfzeichenfolge. Die Nutzdaten werden von den anderen eingeschlossen. Durch die Einrahmung mit Prüfmöglichkeiten wird eine hohe Übertragungssicherheit erzeugt.

X25 Übertragung im DATEX-P Netz

Die Paketgröße im DATEX-P Netz beträgt maximal 1024 Bit. Der Computer hat die Daten beim Versenden in den Protokollrahmen einzubinden und beim Empfangen der Daten sie wieder aus dem Protokollrahmen zu entnehmen. Die Datenpaketübertragung erfolgt nach den CCITT Empfehlungen X25. Bei X25 werden die drei untersten Schichten/ Protokoll-Ebenen des OSI-Modells benutzt, die übrigen Schichten leiten nur die Daten an die darunterliegenden Schichten weiter. Die Vermittlungsschicht (Schicht 3) bildet die Pakete. In Schicht 2 (Sicherung) werden die Datenpakete um den HDLC-Protokollrahmen erweitert. In der Bitübertragungsschicht (Schicht 1) wird die rein physikalische Bitübertragung nach der X21 Empfehlung durchgeführt.[15] Das DATEX-P Netzwerk wird in Deutschland voraussichtlich nur noch bis 2018 betrieben.

---

[15] vgl. Haitz, U. (1994), S. 120 ff

2.4 WebEDI / InternetEDI

2.4.1 Rechnernetze und Datenkommunikation

Neben den klassischen EDI-Kommunikationsansätzen kann die Kommunikation auch über das Internet realisiert werden. Das WWW (World Wide Web) ist als Dienst des Internets zu verstehen. Die Basiskonzepte des Internets sind Hypertext und das Client-Server-Modell. Im Folgenden wird Internet bzw. WWW als ein weltumspannendes Netzwerk verstanden. Ein Computernetzwerk soll durch folgende Punkte charakterisiert werden:[16] In erster Linie ist es ein Transport- und Übertragungssystem für den Ist-Austausch zwischen den an das Netz angeschlossenen, weitgehend bzw. vollständig autonomen Teilnehmern.

Es wird die Fähigkeit vorausgesetzt, dass die von den Teilnehmern übergebenen Daten, dem gewünschten Kommunikationspartner über das Transport- und Übertragungssystem zugestellt werden können.

Es besitzt die Fähigkeit der Vermittlung. Die Teilnehmer haben die Möglichkeit, nacheinander oder gleichzeitig mit jedem anderen gewünschten Netzteilnehmer zum Zweck des Datenaustausches in Verbindung zu treten.

Das Netz wird durch eine Anzahl von Netzknoten (DV-Systeme, die für die Vermittlung und Übertragung zuständig sind) und durch die Verbindung der Knoten untereinander bzw. zwischen den Knoten und den Endsystemen realisiert. Die physikalischen Übertragungsmedien unterliegen keinen Einschränkungen. Sie können auf elektronischer, optischer oder ähnlicher Basis sein.

---

[16] vgl. Franck, R. (2986), S. 4

Bei der Nutzung des Internets fallen keine Kosten für die Implementierung von Protokollen und Kommunikationsdiensten an. Die Protokolle des Internets sind weitgehend standardisiert. Ein Mehrwertdienstleister wird bei internationalem Datenaustausch nicht mehr benötigt. Durch die Nutzung des Internets erhält der EDI-Anwender die größtmögliche Flexibilität.

Es gibt auch Mängel bei der InternetEDI Nutzung. Ein wesentlicher Kritikpunkt ist die Sicherheit bei der Abwicklung der EDI-Transaktionen. Die Qualität des Internets ist nicht immer gleich. Es kann zu schwankenden Übertragungszeiten kommen, und der Verlust einiger Datenpakete ist nicht vollkommen auszuschließen.

Wichtiger Faktor für die Geschäftssicherheit bei elektronischen Transaktionen sind der Ausschluss von Datenmanipulation, falsche Authentizität und Einsichtnahme durch Dritte.

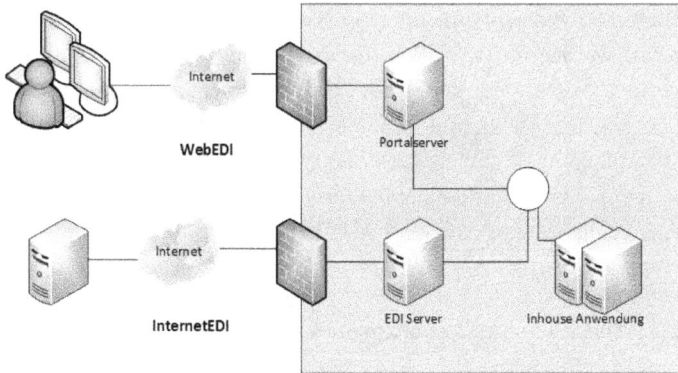

Abb. 8: InternetEDI[17]

WebEDI ist von InternetEDI abzugrenzen. InternetEDI entspricht dem klassischen EDI, bei dem der Kommunikationsdienstleister durch das Internet substituiert wurde. Unter WebEDI ist die internetbasierte Eingabe und Weiterleitung von EDI-Daten zu verstehen.

Die wesentlichen Vorteile von WebEDI sind der kostengünstige Einstieg, der geringe Administrationsaufwand und die Möglichkeit, auch kleinere Partner miteinzubinden. Die Nachteile von WebEDI sind die fehlende Integration in die Inhouse-Lösung und das manuelle Erfassen der Daten. Eine Individuallösung wird für viele Unternehmen nötig sein.

Bei WebEDI sind im Gegensatz zu InternetEDI nicht zwei EDI-Systeme auf beiden Seiten vorhanden. WebEDI soll es auch kleinen Unternehmen ermöglichen, kostengünstig Geschäftsdaten auszutauschen.

---

[17] Eigene Darstellung

WebEDI widerspricht der klassischen EDI-Konzeption. Den KMU werden im WWW elektronische Formulare zur Verfügung gestellt. So benötigt der Benutzer nur noch einen Internetzugang und einen Browser, um sich die Formulare anzeigen zu lassen. Dadurch können größere Unternehmen ihr EDI-Datenaufkommen steigern. Der Informationsrückfluss erfolgt über das Internet in Form einer E-Mail oder eines HTTP-Formulars.

2.4.2 Das Kommunikationsprotokoll TCP/IP

Das Kommunikationsprotokoll TCP/IP ist die Grundlage für die Kommunikation im Internet. Das Internet Protokoll (IP) regelt die Verbindung zwischen unterschiedlichen Netzteilen. Vom IP wird ein verbindungsloser Paketdienst angeboten, der jedes Datenpaket (Internet Datagramm) gesondert durch das Netz routet. Sicherheiten gegen den Verlust eines Paketes oder den Eingang in der falschen Reihenfolge sind nicht vorhanden. In der Transportschicht wird an der Adresse des Paketes vom IP erkannt, ob sich der Zielhost[18] in diesem oder einem anderen Netz befindet. Das Datenpaket bekommt einen Header und wird an das Netzwerkprotokoll weitergegeben, um dann an das Gateway weitergeleitet zu werden.

---

[18] Mit Host wurde ursprünglich eine mit dem Netz verbundene DV-Anlage bezeichnet, an die Terminals angeschlossen sind. Heute wird jeder anonyme Netzteilnehmer als Host bezeichnet. Vgl. Franck, R. (1986) S. 5

2.4.3 Vor- und Nachteile des Internets

Durch das Internet ist es möglich, fast jeden Punkt auf der Erde zu erreichen. Durch die dezentrale Organisation ist die Verwaltung von Datenbeständen kein Hindernis mehr. Die größeren Probleme sind im Bereich der Sicherheit und des Datenschutzes zu sehen. Diese sind besonders relevant, wenn mit sensiblen Daten gearbeitet wird.

Durch die übertragenen Daten wird der Geschäftsverkehr zum lukrativen Ziel für die verschiedenartigsten Angriffe. Damit wird der Schutz der Daten und der Teilnehmer zum zentralen Thema. Folgende Aspekte sind besonders wichtig: [19]

Aufgrund der Komplexität von Netzwerken ist es schwierig (im Falle des Internets unmöglich), die vollständige Übersicht über alle Teilnehmer und Vorgänge zu erhalten. Sie sind daher allen Angriffen und Missbräuchen weitgehend schutzlos ausgesetzt.

Computernetze sind ein wesentlicher Teil des täglichen Lebens von Gesellschaften und Einzelpersonen geworden. Funktionsstörungen in Netzen können verheerende Folgen für Regierungen, Gesellschaft, Gewerbe und Einzelpersonen haben, insbesondere in empfindlichen Bereichen, wie z.B. Banken und Krankenhäusern.

Durch den Anschluss von privaten PCs an das Netz werden viele Aktivitäten von Privatpersonen nach außen getragen. Der persönliche Datenschutz ist gefährdet, weil viele Personen Zugang zu persönlichen Daten und Vorgängen haben.

---

[19] Muftic, S. (1992), S.4ff

Informationen sind an jedem Punkt eines Netzes gegen Angriffe anfällig, von der Eingabe bis zum Eintreffen am Bestimmungsort. Sie sind insbesondere beim Übertragen über Netzwerkverbindungen besonders empfindlich.

3 Implementierungsmöglichkeiten am Beispiel der Möbelindustrie

3.1 Motivation

Die Möbelindustrie bietet ein breites Spektrum an Produkten an. Dies verlangt eine weitere Unterteilung in der Möbelbranche. In Deutschland sind die Küchenmöbelhersteller am häufigsten vertreten. Die geographische Ballung liegt in Ostwestfalen. Der Vertrieb der Produkte geschieht in Deutschland über den Fachhandel. Durch den zunehmenden Preisdruck suchen immer mehr Hersteller nach neuen Rationalisierungs- und Kostensenkungspotentialen. Im Folgenden wird nur die Küchenmöbelbranche betrachtet, da sonst der Rahmen dieser Arbeit gesprengt würde. Der Begriff Möbelbranche wird synonym für die Küchenmöbelbranche benutzt. Die Aufträge sind in der Regel Kommissionsware, es findet kaum eine Produktion auf Lager statt. Die Lagerware sind sogenannte Küchenblöcke, die aus einer festgelegten Anzahl von Möbelteilen bestehen.

Ähnliches ist auch bei den Herstellern von Industriegütern zu finden.[20]

---

[20] Vgl. Kompa, S. / Härtel, J. (2010) S.78

Ein Grund für die geringe EDI-Nutzung ist die Komplexität und Variantenvielfalt der produzierten Güter. Gründe für diese Haltung sind auf Berührungsängste mit Mitbewerbern, theoretische Bedenken in vielen Firmen und schwerfällige Lenkungsgremien ohne Praxisbezug zurückzuführen. 1994 wurde ein Pilotprojekt von der Schiedergruppe gestartet.[21] Die Schiedergruppe bestand aus 53 selbständig operierenden Geschäftseinheiten. Die Unternehmengruppe meldete 2007 Insolvenz an.

Aufgrund der Organisationsstruktur wurden von einigen Unternehmen eigene, meist bilaterale Insellösungen geschaffen. Statt die gesamte Wertschöpfungskette umzusetzen, wurde zunächst nur die Bestellung und Auftragsbestätigung realisiert.

Beispiel:

Ein offenes Unterschrankregal ist in den Ausführungen furniert, lackiert und in Kunststoff zu erhalten. Für jede Ausführung ist ein anderer Preis notwendig. So können aus der ausgewählten Farbe die Ausführung sowie der richtige Preis ermittelt werden.

Jedem Artikel darf nur eine Ausführungsgruppe zugeordnet werden. Ist der Artikel von mehr als einer Variante abhängig, kann dies nicht mehr über Ausführungsgruppen abgebildet werden. Ein multivariantenabhängiger Artikel ist nur durch Aufteilung in neue Artikel abbildbar.

---

[21] vgl. Computerwoche Nr.22 (1994)

In der Möbelindustrie wurden lange keine EDI-Aktivitäten verfolgt. Es werden bis heute nur Vorgänge abgewickelt, die sich auf ein Möbelstück mit einer eindeutigen Artikelnummer beziehen. Komplexe Möbel wie Küchen, Anbauwände, Polstergruppen etc. können noch nicht abgebildet werden. Mit dieser Lösung lassen sich nur ca. 40% des Handelsvolumen mit EDI abwickeln. Auch heute ist noch keine EDI- Integration für viele Möbelgruppen möglich. Das Hauptproblem sind die Daten, die dem Handel geliefert werden. Solange nicht eine mindestens 98%ige Übereinstimmung zwischen den Handels- und Herstellerdaten vorliegt, ist der Aufwand für die Konvertierung aus den einzelnen Handelspaketen unverhältnismäßig hoch. Die reine Datenübernahme aus den Handelsprogrammen stellt kein Problem dar. Die Daten, die vom Handel geliefert werden, sind qualitativ noch nicht ausreichend, um automatisch in das Herstellersystem übernommen werden zu können.

Die Tätigkeiten der Sachbearbeiter werden durch eine EDI-Integration drastisch geändert. Fast alle Tätigkeiten müssen neu definiert werden, da kein Papier mehr eingesetzt wird. In der Anfangsphase werden Zeitvorteile durch die Kontrolle der Aufträge nicht zu realisieren sein.

	Traditionelle Übermittlung	**Elektronische Übermittlung**
Personaleinsatz	Personalintensiv Viele manuelle Tätigkeiten Hoher Verwaltungsaufwand	Geringer Aufwand
Dauer	Tage (Briefe)	Minuten (EDI)
Medienbrüche	Vorhanden Fehleranfällig durch manuelle Erfassung	Keine Systeme tauschen die Nachrichten automatisch aus

Abb. 9: Traditionelle / elektronische Bearbeitung

Einsparungspotentiale ergeben sich aus dem Wegfall von nicht wertschöpfenden Teilprozessen. Das Einscannen der Kundenaufträge ist nicht mehr nötig, da die Aufträge schon in digitaler Form vorliegen und so online in das Archivsystem übernommen werden können.

Die größten Einsparungsmöglichkeiten ergeben sich dann, wenn die gesamte Wertschöpfungskette EDI-integriert ist. Nach der Bestellung und der Auftragsbestätigung, sind Lieferavis und Rechnung einfach zu implementieren. Bei den Einsparungspotentialen reduzieren sich zunächst die Porto- und Druckkosten. Geht man von Einsparungskosten in Höhe von 3 Euro pro Bestellung aus, lassen sich Amortisationszeiträume unter einem Jahr ermitteln. Bei der Rechnungserstellung kommt die Zentralregulierung zum Tragen.

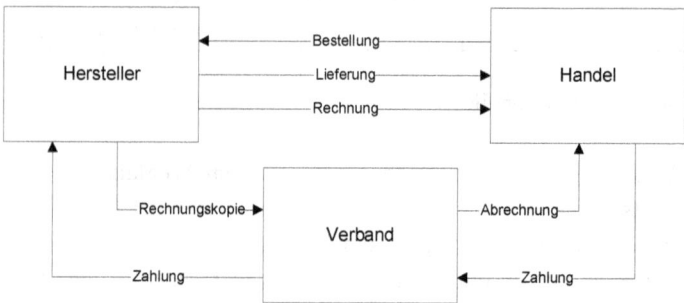

```
┌──────────────┐        Bestellung          ┌──────────────┐
│              │◄───────────────────        │              │
│  Hersteller  │────────Lieferung──────────►│    Handel    │
│              │────────Rechnung───────────►│              │
└──────────────┘                            └──────────────┘
    ▲      │                                    ▲      │
    │      └─Rechnungskopie►┌──────────────┐ ─Abrechnung─┘
    │                       │   Verband    │
    └────────Zahlung────────└──────────────┘◄──Zahlung───
```

Abb. 10: Ablauf der Zentralregulierung[22]

---

[22] In Anlehnung an Becker,J. (1996) , S. 425

Bei der Zentralregulierung wird dem Streckengeschäft ein Handelsunternehmen zwischengeschaltet. In der Möbelindustrie übernehmen die Verbände i.d.R. die Rolle des Handelsunternehmens. Die Leistung des Verbands ist im allgemeinen rein abrechnungstechnisch. Bei der Zentralregulierung wird das Delkredere für das Handelsunternehmen übernommen. Der Verband ist die zentrale Zahlstelle für die Verbindlichkeiten seiner Mitglieder. Für die Verbandsmitglieder wird auch eine Ausfallbürgschaft übernommen. Die Besonderheit bei der Zentralregulierung ist das Zusammenfallen von Rechnungsbegleichung und Fakturierung. Die Unternehmen, die Zentralregulierung betreiben, sind handelsrechtlich ein Kreditinstitut.[23] Daraus folgen besondere Rechnungslegungsvorschriften für den Verband.

Für die Regulierung erhält der Verband eine Provision von den Herstellern. Das Zentralregulierungsgeschäft ist für den Verband sehr profitabel, da die Zahlung des Kunden in der Regel vor der Zahlung an den Lieferanten erfolgt, so dass bei dem erheblichen Wertvolumen in der Zentralregulierung Zinseinnahmen zu realisieren sind.

Für die Leistung des Handelsunternehmens (des Verbands) wird eine Provision auf den Rechnungsbetrag berechnet. Die Einnahmen können ohne den im Lager mitunter hohen logistischen Aufwand zu realisiert werden. Der Ablauf kann in hohem Maße automatisiert werden, so dass eine geringe Zahl von Mitarbeitern nötig ist.

---

[23] Vgl. §1 Abs.1 Nr.2 und Nr. 8 KWG

Für das Handelsunternehmen ist die Zentralregulierung durch die Konditionen sehr attraktiv. Für den Hersteller ist der Verband ein kompetenter Ansprechpartner, mit dessen Hilfe eine Vielzahl von Bonitätsprüfungen vermieden werden. Durch die Nutzung von EDI wird bei der Zentralregulierung der Erfassungsaufwand reduziert. So können die Rechnungsdaten des Herstellers direkt in das Anwendungssystem des Zentralregulierers übernommen werden. Dort wird die Lieferantenrechnung in eine Kundenrechnung umgewandelt. So können die Zahlungsbedingungen angepaßt werden, da die Rechnung schon früher eingeht.

Die Anforderungen des UStG zur steuerlichen Anerkennung elektronisch übermittelter Rechnungen verursachen hingegen wieder Kosten. Nach §§14, 14a, 15, 18 UStG, sowie §§145-147 AO24 setzt eine Rechnung im umsatzsteuerlichen Sinn eine Urkunde voraus. Als Urkunde gilt jedes Schriftstück, mit dem über eine Leistung abgerechnet wird. Die Finanzverwaltung erkennt nur elektronische Rechnungen an, wenn zusätzliche, inhaltlich übereinstimmende, schriftliche Abrechnungen vorliegen. Die Erstellung einer Sammelrechnung mit sämtlichen Netto- und Umsatzsteuerbeträgen erfüllt die Anforderungen.

Für die Kommunikation zwischen Hersteller und Handel sollte möglichst ein branchenweiter Standard etabliert werden, da, wie bereits gezeigt, viele verschiedene Kommunikationsvarianten bereitgestellt werden müssten.

---

[24] vgl. auch Gallasch, W. S.581 ff

Ausblick

Durch die Digitalisierung der zwischenbetrieblichen Geschäftsprozesse lassen sich die Transaktionskosten deutlich senken. Zunächst müssen die Unternehmen in die notwendige Infrastruktur investieren. Je nach Größe des Unternehmens kann die Lösung entsprechend ausfallen. So ist es auch KMU möglich von der Digitalisierung zu profitieren. Durch die substitutive Wirkung entsteht ein schneller Return of Invest die Rationalisierung der Geschäftsprozesse.

Ebenfalls kann auch ein strategischer Wettbewerbsvorteil erlangt werden. In der Automobilbranche muss ein Zulieferer über eine entsprechende EDI Anbindung verfügen um Produkte liefern zu können.[25]

Die Verbände können ihr Angebot an die Mitglieder ausweiten, in dem sie eine Plattform für den Datenaustausch anbieten. Je nach Anzahl der teilnehmenden Hersteller und Kundenunternehmen kann der Verband auch für die Abwicklung einen neutralen Anbieter für die Bereitstellung der Plattform beauftragen. Ein Beispiel für eine offene Plattform ist myOpenFactory. Die Plattform ist aus einem Forschungsprojekt entstanden.[26] Auch KMU können über eine Webschnittstelle (Webcockpit) an der Plattform teilnehmen. So muss keine Integration des ERP Systems erfolgen. Der Nutzen ist hoch, das immer noch 95% der Geschäftstransaktionen über Telefon, Fax und Briefpost abgewickelt werden.[27]

---

[25] vgl. Nagel, K. (1990), S.15 ff

[26] vgl. Kompa,S /Härtel, J.(2010) S.79

[27] vgl. Kompa,S /Härtel, J.(2010) S.78

Ohne die Integration von EDI auch bei den Lieferanten und Kunden ist das Konzept weitgehend zum Scheitern verurteilt. Durch die Integration der zwischenbetrieblichen Geschäftsprozesse in das IT-System bieten sich neue Dimensionen und Möglichkeiten für die Unternehmen.

Durch die Digitalisierung der Geschäftsprozesse wird die Bearbeitung ortsunabhängig. So wird es viel einfacher die Rechnungsprüfung oder ähnliche einfache Tätigkeiten in andere Länder auszulagern in denen die Lohnkosten geringer sind.

Auch der Staat hat die Vorteile der digitalisierten Geschäftsprozesse erkannt. Bereits im Jahr 2013 trat das E-Government Gesetz (EGovG) in Kraft. Das Gesetz ist die Grundlage um das Programm „Digitale Verwaltung 2020" durchführen zu können. Ziel dieses Programmes ist die Digitalisierung der Prozesse in den Behörden. So sollen digitale Dienste für den Bürger geschaffen werden.[28]

Unternehmen werden sich zukünftig nicht mehr verzichten können, die Geschäftsprozesse mit ihren Partnern u digitalisieren um im globalen Wettbewerb bestehen zu können.

---

[28] Vgl. Bär, Christian (2015), S.47

Literaturverzeichnis

Becker, Jörg , Schütte, Reinhard (1996), Handelsinformationssysteme, Verlag moderne Industrie

Bär, Christina (2015), Chancen und Risiken der Digitalisierung im Zusammenspiel Steuerberater und Mandanten, In: Wirtschaftsinformatik & Management, Ausgabe 1, S.46-53

Barkow, Jörg In: Client-Servercomputing Nr. 3/98, Seite 72ff

Seffinga, Jan u.a. (1996). Electronic Data Interchange (EDI) Stand und Potentiale, Hochschulverlag AG an der ETH Zürich

Deutsch, Markus (1995), Unternehmenserfolg mit EDI: Strategien und Realisierung des elektronischen Datenaustausches, Vieweg Verlag, Braunschweig

Frank, Reinhold (1996), Rechnernetze und Datenkommunikation, Springer Verlag, Berlin.

Gallasch, Wolfram (1993), in: Handbuch Informationsmanagement, Hrsg. A. W. Scheer, Gabler Verlag, Wiesbaden
Haitz, Udo (1994), Integration unternehmensinterner und – externer Informationsströme auf Basis einer standardisierten Kommunikationsinfrastruktur, Mannheim, Dissertation

Holzwart, Gerhard In: COMPUTERWOCHE Nr. 22 vom 03.06.94, Seite 53

Kompa, Stefan, Härtel, Janine (2010) In Wirtschaftsinformatik & Management, Ausgabe 5, S.78-81

Muftic, Sead (1992), Sicherheitsmechanismen für Rechnernetze, Hanser Verlag, München.

Nagel, Kurt (1990), Nutzen der Informationsverarbeitung: Methoden zur Bewertung von strategischen Wettbewerbsvorteilen, 2. Auflage, Oldenbourg Verlag, München

Picot, Arnold, Reichwald, Ralf, Wigand, Rolf T. (1998), Die grenzenlose Unternehmung, 3. Auflage, Gabler Verlag, Wiesbaden.

Picot, A., Dietl, H., & Franck, E. (2005). Organisation: Eine ökonomische Perspektive (4th ed.). Stuttgart: Schäffer-Poeschel.

Porter, M.E. (1992), Wettbewerbsvorteile, Spitzenleistungen erreichen und behaupten, 3. Auflage, Campus Frankfurt/M.

Stoetzer, M.W. (1994), Neue Telekommunikationsdienste: Stand und Perspektiven ihres Einsatzes in der deutschen Wirtschaft, In: Ifo-Schnelldienst 7 Seite 8-19

Swatman P. ,Swatman P., Fowler, D. A Model of EDI Integration and Strategic Buisness Reengineering In: Journal of Strategic Information Systems, Vol.3 Nr. 1 1994

Gerbracht, Petra/Hegner, Friedhart/Strecker, Matthias

Betriebliche Praktiker auf dem Weg vom Wissen zum Tun:

Längsschnitt-Studie zur Vereinbarkeit von Beruf und Familie

1. Einleitung: Wie gesellschaftliche Veränderungen schrittweise in Klein- und Mittelbetriebe ‚eingeschleust' werden

Auf welche Weise und mit welchem Tempo reagieren die Verantwortlichen in Klein- und Mittelbetrieben – bis zu 500 Beschäftigte – im Unterschied zu größeren Betrieben – bis zu 3.000 Beschäftigte – auf gesellschaftliche Veränderungen, die sowohl Familienhaushalte als auch Betriebe und somit die Vereinbarkeit von Familien- und Berufsaufgaben betreffen? Das ist die zentrale Leitfrage der Betriebs-Fallstudien, die in zwei Etappen – 2006/2007 und 2012/2013 – in Nordrhein-Westfalen durchgeführt wurden. Die Mehr-Zeitpunkt-Studie konzentriert sich auf zwei Aspekte: Wie deutlich artikulieren die Mitarbeitenden mit Familienaufgaben ihre Anliegen bezüglich des Zweifach-Engagements bei Nachwuchsbetreuung und Erwerbsarbeit sowie des Dreifach-Engagements im Falle zusätzlicher Sorge für hilfebedürftige Altersschwache? Und wie – schematisch oder differenziert – reagieren die betrieblich Verantwortlichen aller Ebenen auf die Zusammenhänge zwischen Fachkräftemangel und demografischer Überalterung mit Blick auf die Arbeitsbedingungen für Beschäftigte mit Zwei- und Dreifach-Engagement?

Ein grundlegendes Ergebnis der Fallstudien sei schon hier skizziert, um überzogene Erwartungen an die betrieblichen Akteure zu dämpfen: In einem Zeitraum von sechs Jahren, in dem sich die Praktiker alltäglich mit den Folgen der Finanzkrise 2008/2009 und des immer schärferen Wettbewerbs – auch im gesundheits- und sozialwirtschaftlichen Bereich – auseinander–

setzen mussten und müssen, ist die Vereinbarkeit von Familien- und Berufsaufgaben lediglich eines von vielen Themen. Weil das so ist, haben wir gemäß den Grundsätzen der Organisations- entwicklung im Unterschied zum Reengineering[1] bei den Untersuchungsthemen von Anfang an den Blick auf zwei betriebliche Entwicklungs-Schritte gerichtet und dazu folgende Leitfragen formuliert: 1. In welchem Ausmaß nehmen die Verantwortlichen überhaupt einzelne gesellschaftliche Veränderungen wahr und welche davon in besonderem Maße? 2. Welche Maßnahmen werden – daran anschließend! – in welchen Schritten eingeleitet und sogar konsequent umgesetzt?

Kurz einige Hinweise, welches Untersuchungsdesign realisiert wurde, um derartige – in kleinen Schritten erfolgende – betriebliche Veränderungen empirisch zu erfassen: Bei der Vorbereitung auf die erste Untersuchungs-Etappe 2006/2007 war angesichts der großen Zahl vorliegender Abhandlungen zum Thema Vereinbarkeit schnell klar, dass zur Beantwortung der obigen Fragen ausschließlich facettenreiche Fallstudien geeignet sind[2]. So lässt sich am besten herausfinden, welche Aspekte der gesellschaftlichen Veränderungen von Leitungskräften, Mitarbeitervertretungen und Beschäftigten primär registriert und gewichtet werden und zu welchen praktischen Konsequenzen das führt. Deshalb standen in den damaligen 23 Betriebsfallstudien strukturierte Einzel- und Gruppeninterviews im Vordergrund – ergänzt um die Auswertung betrieblicher Daten und Dokumente. Die zweite Untersuchungs-Etappe 2012/2013 war auf 10 – gezielt aus dem Kreis der 23 ausgewählte – Betriebstypen aus unterschiedlichen Branchen und mit Betriebsgrößen zwischen 10 und knapp 3.000 Beschäftigten begrenzt. Dabei wurde in der zweiten Etappe zusätzlich zu strukturierten Einzel- und Gruppeninterviews auch eine standardisierte schriftliche Befragung durchgeführt.

---

[1] Siehe von Rosenstiel/Nerdinger 2011
[2] Siehe u.a. IfD 2005, Prognos AG 2007/2012, BMFSFJ 2008. Zu Details der hier dargestellten Untersuchung: Gerbracht u.a. 2013

2. Gesellschaftliche Veränderungen: Betriebliche Praktiker auf dem Weg vom Wissen zum Tun

Zur ersten Leitfrage, in welchem Ausmaß betriebliche Praktiker einzelne gesellschaftliche Veränderungen im Zusammenhang mit der Vereinbarkeit von Beruf und Familie wahrnehmen und welche davon in besonderem Maße, hatten wir auf Basis lernpsychologischer Erkenntnisse[3] folgende Hypothesen formuliert: Gesellschaftliche Veränderungen werden von Leitungskräften und Betriebs- bzw. Personalräten zwar durch Presse, Rundfunk und Fernsehen oder Besuch von Veranstaltungen in Form von „generellem Wissen" wahrgenommen, jedoch ausschließlich selektiv gemäß „Verstärker- oder Unterdrücker-Effekten" aus dem privaten oder beruflichen Umfeld im Gedächtnis gespeichert. Die selektive Speicherung erfolgt vorrangig bezüglich solcher Aspekte, die für die betreffenden Akteure handlungsrelevant sind oder werden könnten – sei es im privaten oder beruflichen Umfeld. Das leitet über zu den Hypothesen bezüglich der zweiten obigen Leitfrage: Die schrittweise Ergänzung des generellen Wissens durch „instrumentelles Know-how" in Form der Suche nach alltagstauglichen Denk- und Gestaltungswerkzeugen vollzieht sich je nach der Dringlichkeit aktuell auftretender Probleme, für die zeitnah Lösungen gefunden werden müssen. Was das Vereinbarkeitsthema betrifft, wird sich dieses instrumentelle Know-how immer erst dann herausbilden, wenn die betrieblichen Akteure unmittelbar mit den Konsequenzen gesellschaftlicher Veränderungen konfrontiert sind, die von einzelnen oder gar mehreren Berufstätigen mit Familienaufgaben in den Betrieb ‚eingeschleust' werden, und zwar in Form spürbarer Probleme und Lösungsanfragen.

Vor diesem Hintergrund war in den Einzel- und Gruppeninterviews bei der ersten Erhebungsetappe 2006/2007 zu prüfen, welches generelle Wissen bei den Betriebsangehörigen

---

[3] Siehe u.a. Markowitsch 2002, Spitzer 2002, Schacter 2005

wie ausgeprägt war. Kurz zur Erinnerung: Bereits 2006/2007 wurden die amtlichen Statistik-Daten zur Überalterung der Erwerbsbevölkerung und zur Fachkräftelücke sowie zur wachsenden Zahl Pflegebedürftiger neben den Massenmedien auch in Mitteilungen, Rundbriefen etc. der Tarifparteien und Kammern dargestellt. Demzufolge haben wir in den Interviews besonders darauf geachtet, ob beim Thema Vereinbarkeit folgende gesellschaftliche Entwicklungen wenigstens als Größenordnungen angesprochen werden: a) Die Zahl der Bundesbürger im Alter von 20 bis 55 Jahren wird weiter sinken, und zwar zwischen 2005 und 2015 um gut 2,9 Mio. Zugleich wird die Zahl der über 55-jährigen um gut 3,5 Mio. ansteigen, während die Nachwuchsjahrgänge der unter 20-jährigen um gut 2,2 Mio. schrumpfen werden.[4] Die bereits 2006 leicht spürbare Lücke bei Fach- und Leitungskräften wird demzufolge ab 2015 deutlich zunehmen. b) Parallel zur Überalterung wächst die Zahl der Haushalte mit pflegebedürftigen Angehörigen. Von 1999 bis 2007 hat die Zahl der Pflegebedürftigen von rund 2 auf 2,3 Millionen zugenommen, also um rund 11%[5].

In den Einzel- und Gruppeninterviews wurden zwar die genannten Größenordnungen – also nicht die konkreten Zahlen – in Form von „generellem Wissen" von den Teilnehmern angesprochen, sie waren jedoch damals für die weit überwiegende Zahl der betrieblichen Praktiker noch nicht handlungsrelevant – auch nicht als Impulse für die Suche nach „instrumentellem Know-how". Lediglich in fünf von 23 untersuchten Betrieben – als Oberbegriff für Unternehmen, Behörden, Einrichtungen – hatten einzelne Akteure auf Arbeitgeber- und Arbeitnehmerseite konkrete Maßnahmen zumindest angedacht, um auf die betrieblichen Folgen der skizzierten Entwicklung für den „befürchteten zunehmenden Fachkräftemangel" zu reagieren – so mehrere Leitungskräfte. Nur ganz am Rand wurde in zwei der größeren Betriebe – mit Stabs- bzw. Projektstellen für Vereinbarkeitsthemen – erwähnt, es sei

[4] Siehe Statistisches Bundesamt 2009 und 2012
[5] Siehe Statistische Ämter des Bundes und der Länder 2010

damit zu rechnen, dass „in nächster Zeit auch die Vereinbarkeit von Beruf und familiären Pflegeaufgaben zum Thema werden" könne, was eine Bereichsleitung als „zukünftige Bedrohung" bezeichnet.

Einige besonders typische Aussagen aus unterschiedlichen Perspektiven seien anschließend beispielhaft dokumentiert, um die ersten Anzeichen des damaligen Übergangs vom generellen zum instrumentellen Wissen zu illustrieren:

Aus dem Blickwinkel von Mitarbeitenden ohne Leitungsfunktionen:

„Als Mutter von zwei Kleinen – 4 und 6 Jahre – kann ich mir momentan gar nicht vorstellen, wie ich ohne Hilfe meiner Eltern und der Mutter meines Mannes den Vollzeit-Job und den Haushalt schaffen würde – ganz zu schweigen davon, dass die Kinder und der Mann ja auch noch was von einem haben wollen. Wenn ich mir vorstelle, dass meine Eltern krank oder pflegebedürftig wären, kommt mir das Grausen."

„Zum Glück können die beiden Kinder – 14 und 16 Jahre – schon zu Hause mit anpacken. Auch mein Mann hilft verstärkt, seit meine Mutter seit dem Tod meines Vaters immer mehr kränkelt. Im Betrieb kann man nicht erwarten, dass ‚die Oberen' jetzt auch noch Rücksicht auf Pflegeaufgaben nehmen, nachdem sie jahrelang schon Lösungen für Leute mit Kindern finden mussten. Aber irgendwann wird das zwingend."

Aus der Perspektive von Betriebs- und Personalräten:

„Da ich selbst Mutter einer – inzwischen fast erwachsenen – Tochter bin, kommen die Kolleginnen mit ihren Sorgen eher zu mir. Übrigens trauen sich in letzter Zeit sogar junge Väter zu mir, um vorsichtig abzuklären, wie man am geschicktesten vorgeht, wenn man eine Auszeit, also Elternzeit, nehmen will oder eine flexible Zeitlösung braucht. Aber das sind noch Einzelfälle."

„Ich bin ja nicht bloß Betriebsrat, sondern leite auch noch ein Team mit sechs Leuten, zwei davon Frauen mit Kind. Wir sind uns inzwischen im Betriebsrat einig, dass wir gemeinsam mit den

Leitungskräften Kurse besuchen müssen, damit man die verschiedenen familiären Bedingungen jeweils kombinieren kann mit den teils völlig unterschiedlichen betrieblichen Bedingungen – z.B. in der Verwaltung und Vorfertigung mit mehr Planbarkeit und in der Endmontage und beim Kundenservice mit kurzfristigen und teils drastischen Schwankungen."

Aus dem Blickwinkel von Leitungskräften der mittleren Ebene(n):

„Ich hatte jetzt den ersten Fall, dass jemand wegen der Altersschwäche seiner alleinlebenden Mutter bei mir anfragte, ob es möglich sei, den Beginn und das Ende der Arbeitszeit flexibler zu gestalten oder sogar mit kurzer Ankündigungsfrist einzelne Urlaubstage zu nehmen oder Vorholzeiten bzw. Überstunden ‚abzufeiern'. Und das ist einer meiner sogenannten Leistungsträger. Momentan kriegen wir das noch hin gefummelt, aber wenn das mehr wird, sehe ich schwarz."

„Unsere Abläufe und Stellenzuschnitte sind gar nicht dafür gerüstet, mit verschiedenartigen familiären Problemen der Leute fertig zu werden. Klassische Teilzeitarbeit und Gleitzeit mit überschaubaren Zeitspielräumen kriegen wir hin. Bei Auszeiten wie Elternurlaub – eventuell sogar auch noch Pflegeurlaub – läuft es nur glatt, wenn die Frauen oder Männer keine Lücken bei speziellen Erfahrungen und Kenntnissen hinterlassen. Wissen Sie, schöne Broschüren sind da bestenfalls ein Nothelfer, denn man kann leider nicht nachfragen. Die helfen nur in Verbindung mit praxisnahen Workshops."

„Als kommunale Dienststelle mit rund 30 Beschäftigten können sie ebenso wenig wie ein kleiner Industriebetrieb eine Stabs- oder Projektstelle für Vereinbarkeitsmaßnahmen einrichten. Sie können bestenfalls auf die Fachleute in der zentralen Verwaltung zurückgreifen, die aber als junge Akademiker oft weit von der Alltagspraxis entfernt sind. Da bleibt meist nichts anderes übrig, als selbst zu basteln."

Aus dem Blickwinkel von Inhabern, Geschäftsführern oder Vorständen:

„In einem Handwerksbetrieb mit knapp 50 Leuten sind sie hin- und hergerissen: Als Vater von drei Kindern und mit einer Frau, die zum Glück in Teilzeit die eigene Buchhaltung macht, verstehen sie, wenn jemand wegen der familiären Dinge eine flexiblere Arbeitszeit oder sogar eine befristete Auszeit will. Aber sie können solche Wünsche nur in sehr engem Rahmen erfüllen. Unsere Organisationsprinzipien sind immer noch – abgesehen von Urlaubszeiten und gelegentlichen Erkrankungen – auf ständig besetzte Vollzeitstellen ausgerichtet. Neue Prinzipien zu erproben – und das neben dem vollen Alltagsgeschäft – ist fast unmöglich. Aber wenn ich die Zahlen zur Bevölkerungsentwicklung in den Medien sehe, ahne ich, dass spätestens mein Nachfolger da ran muss."

„Als Mitglied der Geschäftsführung einer Gesundheitseinrich- tung mit mehreren Standorten und über 400 Beschäftigten werden sie täglich mit einer Informationsflut überschüttet. Woher soll ich wissen, ob die Zahlen zur Überalterung, die angeblich ab 2015 noch schlimmer werden sollen, oder zum Ausufern psychischer Erkrankungen, nicht von Leuten übertrieben werden, die sich als Journalisten oder Wissenschaftler oder Berater mit Panikmache profilieren wollen? Und selbst wenn die Zahlen stimmen, bin ich immer noch überfordert, denn der Konkurrenzdruck zwingt mich, bei allen Maßnahmen Prioritäten zu setzen. Ich muss also mein Leitungsteam dazu bringen, neben dem Wettbewerb um Patienten bzw. Kunden zusätzlich den Wettbewerb um Mitarbeitende und Kandidaten zu verstärken."

Soweit die Beispiele für typische Sichtweisen aus den Jahren 2006/2007, also aus einer Zeit, als sich in den 23 untersuchten Betrieben die Lücken beim instrumentellen Know-how auch in den konkreten Vereinbarkeits-Maßnahmen widerspiegeln: Es gibt dort neben ,Auszeiten' bei Elternurlaub in allen Betrieben mindestens eine der beiden ,klassischen' Maßnahmen der variableren Arbeitszeitgestaltung – sei es Teilzeit als herkömmliche Halbtagsarbeit oder mit einem freien Tag pro

Woche oder sei es eine der Varianten von Gleitzeit. Es gibt in zehn Betrieben sogar erste Ansätze phasenweiser Heimarbeit – auch für Engpasskräfte. Aber kennzeichnend für alle damaligen Übergänge vom generellen zum instrumentellen bzw. handlungsleitenden Wissen und zum praktischen Tun ist zweierlei: Zum einen stehen die Schritte zur Maßnahmenvorbereitung und -umsetzung isoliert nebeneinander oder folgen mehr oder weniger ruckartig aufeinander. Es fehlt an einem geordneten Reservoir an Lösungen, die sich in unterschiedlichen Kombinationen einsetzen lassen, um damit auf verschiedenartige familiäre Konstellationen eingehen zu können. Zum Zweiten sind die geplanten und die bereits realisierten Maßnahmen nahezu ausschließlich auf die Vereinbarkeit von Beruf und Nachwuchsbetreuung gerichtet – mit eindeutigem Schwerpunkt bei jungen Müttern und wenigen Einzelfällen von flexibleren Lösungen für junge Väter. Auch Maßnahmen zur besseren Vereinbarkeit von Beruf und Pflegeaufgaben gibt es nur vereinzelt. Instrumentelles Wissen ist in der Regel bei den Betrieben mit mehr als 500 Beschäftigten erkennbar, wo sich Stabsstellen oder „Familienbeauftrage" in Form von Projektarbeit an das Thema herantasten.

3. Erweiterte betriebliche Perspektiven infolge gesellschaftlicher Veränderungen

Vor dem Hintergrund der damaligen Erfahrungen hat das NRW-Familienministerium den betrieblichen Bedarf an praxis–orientierten Trainingsmaßnahmen – ebenso wie die Tarifparteien und Kammern usw. – ernstgenommen und uns in den Jahren 2006/2007 und 2008/2009 die Möglichkeit gegeben, rund 40 Betriebe in Form von halb- und ganztägigen Workshops mit zweierlei vertraut zu machen:

– zum einen mit erprobten Formen des Kombinierens unterschiedlicher Maßnahmen zur Vereinbarkeit, und zwar in Form sowohl zeitlich parallel betriebener als auch zeitlich

aufeinanderfolgender Lösungen für verschiedenartige familiäre Problemkonstellationen;
- zum Zweiten aber auch vertraut machen mit anschaulich aufbereiteten Daten zu verlässlich abschätzbaren gesellschaftlichen Entwicklungen – einschließlich des Beurteilens der Folgen für den eigenen Betrieb mit Hilfe von Werkzeugen für die Analyse der aktuellen und zukünftigen betrieblichen Sozialstruktur (z.b. Alters- und Qualifikations–struktur).

In der Phase bis zur zweiten Untersuchungsetappe 2012/2013 haben die sechs Jahre zuvor nur als generelles Wissen perzipierten gesellschaftlichen Veränderungen derart breitenwirksame Ausmaße angenommen, dass zu vermuten war, sie würden nach und nach auch das instrumentelle bzw. handlungsleitende Wissen erweitern. Daraus haben wir für die nächste Untersuchungsetappe folgende Leitfrage abgeleitet: Welche der zwischenzeitlichen Veränderungen im betrieblichen Umfeld werden am stärksten zu kognitiven oder gar konativen Veränderungen führen? Zunächst dazu die von uns als besonders praxisrelevant eingeschätzten statistischen Daten:

- Von den in Partnerschaften lebenden Frauen betreuen im Jahr 2009 bereits gut ein Fünftel (22%) hilfebedürftige Angehörige; bei den Männern sind es erst halb so viele (11%). In gut einem Viertel dieser Fälle sind beide Partner erwerbstätig; bei den übrigen knapp drei Vierteln ist je zur Hälfte allein der Mann oder allein die Frau erwerbstätig.[6]
- Allein von 2010 bis 2012 hat die Zahl der Erwerbstätigen im Alter von 45 bis 59 Jahren, die mit hilfebedürftigen Angehörigen konfrontiert sind, von 18% auf 21% zugenommen; 2012 rechnete gut ein Drittel (35%) dieser Altersgruppe damit, dass sie in den nächsten 5 bis 10 Jahren mit dem Thema konfrontiert werden – 2010 waren es erst 30%.[7]

[6] Siehe Sozioökonomisches Panel 2009 – Berechnungen des ifo Instituts
[7] Siehe IfD 2010 und 2012a

Folgerung: Damit gewinnt eine weitere Form der notwendigen Vereinbarkeit von Familien- und Berufsaufgaben an Gewicht. Sie kann bei Erwerbstätigen, die sowohl Nachwuchs als auch Hilfebedürftige zu betreuen haben, zu einer Dreifachbelastung bis hin zu einer Überlastung führen. Das klang 2006/2007 in den Einzel- und Gruppengesprächen vereinzelt schon an, ohne allerdings auf die folgenden Entwicklungen Bezug zu nehmen, die sich zwischenzeitlich verschärft haben: a) Die psychisch bedingten Ausfalltage sind von 2000 bis 2010 um gut 50 Prozentpunkte angestiegen. Dabei handelt es sich meist um deutlich längere Fehlzeiten als bei somatischen Krankheiten. b) Der Trend hat sich danach keineswegs abgeschwächt. Vielmehr ist von 2010 bis 2012 nochmals ein Anstieg um gut 24 Prozentpunkte zu verzeichnen. Parallel wächst die Zahl der Frühverrentungen aufgrund schwerwiegender psychischer Erkrankungen.[8] Zu prüfen ist, ob die von einem Teil der Beschäftigten als negativer Stress erlebten beruflichen Belastungen – teils verstärkt durch familiäre Belastungen wie Nachwuchsbetreuung und Angehörigenpflege – in den Betrieben spürbarer geworden sind als sechs Jahre zuvor.

4. Unterschiedliche betriebliche Standpunkte und Perspektiven vergleichen

Bereits 2006/2007 wurden – wie in Abschnitt 2 gezeigt – unterschiedliche Akteursgruppen in Einzelinterviews und Gruppendiskussionen angehört; dazu zählen Unternehmensleitung(en) ebenso wie für Personalarbeit zuständige Fach- und Leitungskräfte (inkl. Projektleitungen zu Vereinbarkeitsthemen), aber auch direkt betroffene Mitarbeitende und die Mitarbeitervertretung. Bereits damals hat sich sehr deutlich gezeigt: Die Betriebe, in denen die unterschiedlichen Akteure thematisch an einem Strang – und in eine zumindest

---

[8] Siehe AOK-Fehlzeiten-Report 2013 und Stressreport Deutschland 2012

ähnliche Richtung – ziehen, hatten doppelt so häufig wie die wenig koordiniert agierenden Betriebe zweierlei erreicht: zum einen mehrere – wenn auch meist isoliert dastehende – Maßnahme-Typen zur Schließung der Fachkräftelücke mit Hilfe einer besseren Vereinbarkeit von Familien- und Berufsaufgaben angestoßen oder bereits realisiert; zum Zweiten auch einen hohen Grad der Zustimmung zu den Maßnahmen und ein starkes berufliches Engagement auf Seiten der Belegschaft bewirkt.

Diese Erfahrung hat uns darin bestärkt, bei den Untersuchungsschritten zwischen November 2012 und Februar 2013 erneut mit einem Mehr-Perspektiven-Ansatz zu arbeiten. Das heißt: Sowohl bei den Einzel- und Gruppeninterviews als auch bei der standardisierten schriftlichen Befragung typische Angehörige der verschiedensten betrieblichen Ebenen und Gruppierungen einbeziehen, und zwar teils die gleichen Personen wie zuvor. Insgesamt haben 141 Personen einen schriftlichen Fragebogen ausgefüllt. Dessen Themen wurden auf Basis der Erfahrungen formuliert, die teils sechs Jahre zuvor sowie teils kurz vor der aktuellen Umfrage bei Gruppendiskussionen, Einzelinterviews und Dokumentenanalysen gesammelt werden konnten. Bei der anonymisierten Auswertung wurden lediglich die betrieblichen Statusmerkmale rekonstruiert, um so die Sichtweisen der unterschiedlichen Ebenen und Funktionsbereiche darstellen zu können.

Auch bei der Auswahl der 10 Betriebe ging es um einen Perspektiven-Mix. Wichtigstes Auswahlkriterium waren zum einen unterschiedliche branchen- und betriebsspezifische Auslastungsschwankungen sowie zum Zweiten unterschiedliche Grade der ‚Verkettung' zwischen Stellen. Denn damit sind erfahrungsgemäß verschiedenartige Problemstellungen hinsichtlich der Vereinbarkeit von Familie und Beruf verbunden. Das führte zu folgender Betriebsauswahl:

- 2 Betriebe mit Schwerpunkt bei personenbezogenen und personalintensiven Dienstleistungen, die sehr stark auf

kundenbedingt unvorhersehbare Schwankungen des Arbeits–
anfalls reagieren müssen; so im pflegerischen und ärztlichen
Bereich eines Krankenhauses oder in einer kommunalen
Behörde mit teils kundenfernen Bereichen und teils mit sehr
häufigem beratungsintensivem Kundenkontakt.

- 3 Betriebe mit sachbezogenen Dienstleistungen (z.b. Güter-
Transporte, Ausstellung von Bescheiden, Erstellung von
technischen Zeichnungen und Berechnungen), die beim
Transfer zum Kunden teilweise einen persönlichen Kontakt
erfordern (z.b. Güter-Empfangsprüfung, Kunden-Beratung),
also teils mit voraussehbarem Arbeitsanfall und teils mit
kurzfristigen Auslastungs-Schwankungen verbunden; so bei
einem Logistik-Unternehmen, einem Architekturbüro und
einem Handelsbetrieb.

- 5 Betriebe mit Schwerpunkt bei der Herstellung und
Übermittlung von Sachgütern; dabei einerseits
vorausschauend planbare Produktion kleiner und mittlerer
Serien sowie andererseits Produktion von Serien und
Unikaten mit kurzfristigen Auslastungsspitzen und -tälern (so
bei einer Manufaktur für Gebrauchsgüter, in einem Bauhand-
werks-Betrieb, bei einem Dienstleister für die Druckindustrie,
im Sondermaschinen- und Gerätebau und bei einem Zulieferer
für den Maschinenbau).

Es gibt eine absichtliche Größenklassen-Verzerrung, indem
Betriebe mit weniger als 500 Beschäftigten, also KMU gemäß
amtlicher Statistik, verglichen werden mit größeren Betrieben: 1
Betrieb mit 10 Mitarbeitenden [MA], 1 Betrieb mit knapp 20
MA, 3 Betriebe mit 51-250 MA, 2 Betriebe mit 251-500 MA; 1
Betrieb mit gut 800 MA, 2 Betriebe mit mehr als 1.000, jedoch
unter 3.000 MA. Insofern sind die Ergebnisse primär für Klein-
und Mittelbetriebe verallgemeinerungsfähig – mit Kontrastierung
zu größeren Unternehmen.

5. Häufigste Maßnahmentypen und Einflussgrößen bei der Umsetzung

Mit welchen Maßnahmen bemühen sich die Betriebe, dem hohen Gewicht des Themas gerecht zu werden? In Stichworten vorweg die vier markantesten Veränderungen nach Ablauf der zweiten Untersuchungsetappe: a) häufiger als bei der ersten Untersuchung ein Reservoir an Maßnahme-Kombinationen statt Einzelmaßnahmen; b) häufiger dynamische Anpassung der Maßnahmen an veränderte biographische Situationen der Mitarbeitenden mit Familienaufgaben; c) deutlich stärkere Ausrichtung von Maßnahmen auch auf Mitarbeitende mit zu betreuenden Älteren; d) Betriebe mit weniger als 100 Beschäftigten beherrschen deutlich häufiger als 2006/2007 und ebenso häufig wie die – oft mit Stabsstellen ausgestatteten – größeren Betriebe die Denk- und Gestaltungswerkzeuge für vielfältige Maßnahmen.

Je nach Familienkonstellation – z.B. ausschließlich Nachwuchsbetreuung oder zusätzlich auch Sorge um hilfe- bedürftige Ältere – und je nach betrieblicher Organisation – z.B. mit oder ohne nur sehr kurzfristig vorhersehbare Spitzen und Täler des Arbeitsanfalls – werden häufiger als sechs Jahre zuvor verschiedenartige familiäre und betriebliche Maßnahmen- Kombinationen bzw. -Konstellationen praktiziert. Den Kern des Maßnahmen-Reservoirs bilden drei Typen:

– Flexible Arbeitszeiten mit Dispositionsmöglichkeiten hinsichtlich täglicher oder wöchentlicher oder monatlicher Lage bzw. Verteilung der Arbeitszeiten. Größer als vor sechs Jahren sind vor allem die den Mitarbeitenden eingeräumten Wahlmöglichkeiten hinsichtlich Beginn und Ende der täglichen Arbeitszeiten sowie bezüglich der Arbeitszeitverteilung auf die Wochentage oder Monatswochen. Geholfen hat dabei – so die Aussagen von Leitungskräften und Betriebs-/Personalräten – die intensivere Einübung von Gruppenabsprachen zwischen den

Mitarbeitenden, aber auch eine entsprechende Schulung der Leitungskräfte.
- Möglichkeiten zur variablen Anpassung des Arbeitszeit-volumens nach unten und oben. Deutlich häufiger als 2006/2007 werden den Mitarbeitenden 2012/2013 gemäß Familiendynamik wechselnde Volumina der Arbeitszeit angeboten bzw. ermöglicht: neben ‚klassischer Halbzeit' mit 20 Wochenstunden auch vollzeitnahe Teilzeit wie z.b. 32 Wochenstunden oder stundenweiser Einsatz mit wechselnden monatlichen Volumina. Auch die Länge der Auszeiten – also Eltern- oder Pflegeurlaub mit Null-Arbeitszeitvolumen – ist variabler geworden.
- Variabler geworden ist auch der Arbeitsort. Das praktizierte Spektrum reicht von bedarfsweiser Arbeit zu Hause in Ausnahmefällen über phasenweise wechselnde Arbeit zu Hause und im Betrieb bis hin zum Dauer-Heimarbeits-Platz (z.B. Home-Work). Das gilt sowohl für Dienstleistungs-tätigkeiten als auch für kleinteilige Produktionsarbeiten mit geringem Werkzeugarsenal. Letzteres hat – so die Leitungskräfte und Mitarbeitenden in den Gruppen-diskussionen – im Prozess der technologischen ‚Miniaturisierung' in den letzten sechs Jahren eine größere Verbreitung gefunden und lässt sich somit öfter als damals auch für qualifizierte industrielle Heimarbeit nutzen. Denn sowohl die Geräte bzw. Werkzeuge als auch die Materialien sind kleiner und handlicher geworden.

Die bereits 2006/2007 bei Müttern praktizierte Richtungs-Dynamik von Vollzeit zu Elternzeit-Freistellung mit anschließender ‚Halbzeit' und späterer vollzeitnaher Teilzeit wird 2012/2013 vermehrt durch eine andersartige Dynamik ergänzt: Bei langjährigen Mitarbeitenden mit Pflegeaufgaben für Angehörige wechseln sich Wochen oder Monate mit Vollzeit – bei geringer Pflegebelastung – mit Wochen oder Monaten ab, in denen teils völlige Freistellung und teils variable Teilzeit praktiziert wird. Erleichtert wird das durch die EDV-gestützte Zeitkontenführung und durch das gewachsene Geschick der

Leitungskräfte beim entsprechenden Zuschnitt der Arbeitsaufgaben.

Den Organisations- und Einübungsaufwand für den Aufbau des dynamisch genutzten Maßnahmen-Reservoirs nehmen die Leitungskräfte hin, um damit den Verlust von Erfahrungen, Kenntnissen und Fertigkeiten zu vermeiden, auf die von Betriebsseite nicht verzichtet werden kann. Das betonen vor allem diejenigen, die – auch nach Aussagen der Mitarbeitenden – „große Zeit- und Kraftopfer gebracht" haben. Dazu berichten sowohl die Leitungskräfte als auch die Betriebs-/Personalräte und Projektleitungen in 5 der 10 Betriebe: Einige dieser Maßnahmen gelingen nur dann, wenn sie mit den fast immer besonders mühsamen Veränderungen beim Zuschnitt von Prozessen und Stellen bzw. mit Umgestaltung der wahrzunehmenden Aufgaben verbunden werden. Dazu zwei typische betriebliche Konstellationen:

a) Wenn die Arbeitsgänge und -stellen eng verkettet sind, was trotz modernster Kommunikationsmittel vielfach gleichzeitige Präsenz in Verbindung mit Hand-in-Hand-Arbeiten oder mit Kommunikation von Angesicht-zu-Angesicht erfordert, ist sehr viel „Geduld und Phantasie erforderlich, bevor die Umorganisation wirklich klappt" – so eine der operativen Leitungskräfte in einem Krankenhaus.

b) Das gilt beispielsweise auch für solche Teilzeitstellen, die ohne qualifikationsgerechten Stellenzuschnitt mit einer „Degradierung" der Mitarbeitenden im Sinne „des Abschiebens auf weniger interessanter Arbeiten" einhergehen – so eine der Befragten. Hier liegt zugleich eines der größten Hindernisse gegen die Realisierung von Auszeit- oder Arbeitszeitver-kürzungswünschen von Mitarbeitenden mit Engpass- oder gar Solo-Qualifikationen. Damit zusammen hängen auch die Unterschiede zwischen Frauen und Männern bei der Realisierung von Arbeitszeit- und Heimarbeitswünschen. Hier spiegeln die Ergebnisse der Fallstudien die bundesweiten Umfragedaten zur geringeren Teilzeitquote bei Männern und zum größeren Abstand zwischen Männern und Frauen bei der Realisierung von Wünschen nach einer kürzeren Arbeitszeit wider.[9]

Die erstmalige Einführung und beständige Umsetzung von Maßnahmen zur Vereinbarkeit gelingt nicht in allen Unternehmen und auch nicht in allen Bereichen einzelner Unternehmen mit gleichem Aufwand und Erfolg. Auf die Frage nach den „Erfolgsfaktoren" bzw. Schubkräften geben Leitungskräfte und Mitarbeitende teils gleichgerichtete und teils unterschiedliche Antworten, aber die Grundtendenz ist sehr ähnlich. Analoges gilt für die Antwortverteilung nach Betriebsgröße.

– In den fünf kleineren Betrieben mit bis zu 250 Beschäftigten und ohne Betriebs-/Personalrat wird die „aktive" Einbeziehung der Mitarbeitenden deutlich häufiger als Erfolgsfaktor genannt als in den fünf größeren Betrieben mit über 250 Beschäftigten und mit Betriebs-/Personalrat (83% zu 51% aller Nennungen). Demgegenüber sind die Einschätzungen bezüglich der „aktive(n)" Beteiligung der operativen Leitungskräfte „vor Ort" bei kleineren und größeren Betrieben sehr ähnlich (68% zu 64%).

– Insgesamt wird deutlich, dass in kleineren Betrieben die „aktive" Unterstützung durch die oberste Leitungsebene (Inhaber/Geschäftsführung) weitaus häufiger als Erfolgsfaktor genannt wird als in den Betrieben mit über 250 Beschäftigten. Gemäß den flacheren Strukturen in den kleineren Betrieben gelingt hier vieles offensichtlich im engen persönlichen Austausch des Inhabers bzw. der Inhaberin mit den Beschäftigten.

– Demgegenüber spielt in den größeren Betrieben ein „Umsetzungstreiber" eine deutlich größere Rolle als in den kleineren Betrieben (22% zu 7%); genannt werden hier vor allem die Projektleitung zu einem Vereinbarkeitsthema, die Personalleitung oder eine einzelne operative Leitungskraft. Außerdem: In den fünf Betrieben mit mehr als 250

---

[9] Siehe IfD 2010 und 2012b

Beschäftigten und einem gewählten Betriebs- bzw. Personalrat sehen rd. 55% der Befragten die aktive Mitwirkung dieses Gremiums als wichtigen Erfolgsfaktor an (dort von rd. 66% der Mitarbeitenden und von rd. 48% der Leitungskräfte genannt).

Was sind die wichtigsten „Misserfolgsfaktoren" bzw. „Bremskräfte"? Da acht der zehn Betriebe in den sechs Jahren eine Kombination mehrerer Maßnahmen praktisch umgesetzt haben, benennen bei dieser Frage lediglich knapp zwei Drittel aller Befragten, und zwar überwiegend Leitungskräfte und Personalfachleute, überhaupt einzelne „Bremskräfte". Als die drei wichtigsten werden bezeichnet:

- Zeitmangel aufgrund anderer Prioritäten auf Seiten der strategischen und operativen Leitungsebenen (von rd. 23% aller Befragten genannt, und zwar besonders häufig – 29% – von Leitungskräften selbst)
- Veränderter Bedarf auf Seiten der Beschäftigten (so 16% aller Befragten und 18% der Mitarbeitenden)
- Maßnahmen ließen sich trotz guten Willens in der Praxis nicht mit betrieblichen Notwendigkeiten vereinbaren (ebenfalls 16% aller Befragten). Hier spielen – wie die vertiefenden Expertengespräche und Gruppendiskussionen zeigen – drei Bremskräfte eine besonders hinderliche Rolle: zum einen Art und Ausmaß der Schwankungen des Arbeitsanfalls (z.B. auf Monatssicht planbar oder aber täglich unvorhersehbar); zum Zweiten die enge Verkettung einzelner Arbeitsgänge; zum Dritten – und querliegend zu den beiden Genannten – die Schwierigkeit, sich vom gewachsenen Zuschnitt der Prozesse, Stellen und Qualifikationen wenigstens teilweise zu trennen.

Nur knapp 11% aller Befragten erwähnen mangelnde Unter-stützung der operativen Leitungsebene bei der Maßnahmenumsetzung vor Ort – übrigens von den Mitarbeitenden noch seltener erwähnt als von den Leitungskräften (8% zu 13%). Darin kommt die Zunahme an instrumentellem Know-how im Betrachtungszeitraum zum Ausdruck.

6. Zukünftige Schwerpunktverschiebungen der betrieblichen Maßnahmen

Auf welche Anliegen der Mitarbeitenden zielen die bisherigen bzw. aktuellen Maßnahmen in erster Linie?

- Der Schwerpunkt der Maßnahmen liegt 2012/2013 – genau wie 2006/2007 – bei der Kinderbetreuung (von gut zwei Dritteln aller Befragten genannt).
- Demgegenüber zeigt folgender Befund eine deutliche Veränderung des Denkens und der Handlungsbereitschaft: Die „Sorge für pflegebedürftige Angehörige" bildet im Jahr 2012/2013 für knapp ein Viertel aller Befragten einen aktuell „gleichwertig(en)" Schwerpunkt neben der Kinderbetreuung. Hier haben die eingangs genannten demografischen Veränderungen zu einer betrieblichen Schwerpunktver-schiebung beim generellen und beim handlungsleitenden Wissen sowie beim Vorbereiten und Umsetzen von Maßnahmen geführt.

Was die Einschätzungen der positiven Effekte dieser Schwerpunktverschiebung angeht, so setzen die Mitarbeitenden und die Angehörigen der Leitungsebenen teils unterschiedliche Akzente und sind sich teils nahezu einig:

- Mehr Zeit bzw. Freiräume für die Übernahme familiärer Aufgaben, also Blick auf die außerbetrieblichen Belange (von 71% der Mitarbeitenden, aber nur von 58% der Leitungskräfte genannt).
- „Höheres Engagement" der Mitarbeitenden bei der Aufgaben-erfüllung, also Blick auf die innerbetrieblichen Belange – so 59% der Mitarbeitenden, aber nur 49% der Leitungskräfte. Zu fragen ist hier, ob die Mitarbeitenden ,schön färben' oder ob

ihr höheres Engagement sich in Details der Aufgabenerfüllung ausdrückt, die von den Leitungskräften nicht bemerkt werden.

- „Reduzierung von Ausfall- und Unterbrechungszeiten" (so 44% der Mitarbeitenden und 43% der Leitungskräfte), was bei zunehmend spürbaren Fachkräftelücken immer wichtiger wird, sowie
- größere „Freiräume für konzentriertes und kreatives Arbeiten" (so jeweils 33%), was dann besonders wichtig ist, wenn Innovationen und fehlerfreies Arbeiten die einzigen Überlebenswege im extrem scharfen Preiswettbewerb sind.

Wie stark diese positiven Effekte zukünftig weiter an Gewicht gewinnen werden, wird deutlich, wenn nach dem Schwerpunkt des Handlungsbedarfs bis 2018 gefragt wird. Auch mit Blick auf die Zukunft liegen die Schwerpunktsetzungen von Mitarbeitenden und Leitungskräften teils weit auseinander und teils nah beieinander: Mit Abstand am häufigsten nennen die Leitungskräfte (zu knapp 70%) – aber mit 56% auch ein hoher Anteil der Mitarbeitenden – „steigenden Handlungsbedarf bei Maßnahmen gegen „Überlastung und negativen Dauerstress", um dadurch „Ausfallzeiten im Job und in der Familie (zu) verhindern". Die aktuell derart starke Gewichtung dieses Themas ist dann erstaunlich, wenn man berücksichtigt, dass 2006/2007 in den gleichen Betrieben dieses Thema fast gar nicht angesprochen wurde, obwohl schon damals die Medien auf Basis der Fehlzeiten–Reports mehrerer Krankenkassen über die Zunahme psychischer Erkrankungen berichteten[10].

- „Vereinbarkeit für Beschäftigte mit Kindern erleichtern" wird von 55% aller Befragten weiterhin als sehr wichtiges Handlungsfeld angesehen: überwiegend bezogen auf die Gruppe der 0- bis 3-jährigen Kinder. Die Leitungskräfte nennen das deutlich häufiger als die Mitarbeitenden (62% zu 48%).

---

[10] Siehe BKK und AOK-Serien seit 2000

- Ebenfalls 55% aller Befragten messen dem Handlungsfeld „Vereinbarkeit für Beschäftigte mit Mehrfachbelastungen" (z.b. Kinderbetreuung und Pflege von Angehörigen) zukünftig steigenden Handlungsbedarf zu. Fast ebenso häufig wird das Handlungsfeld „Vereinbarkeit für Beschäftigte mit pflegebedürftigen Angehörigen" genannt, und zwar von Mitarbeitenden und Leitungskräften gleichermaßen.

Das größere Gewicht dieses Handlungsfelds ist auch einer der Gründe dafür, dass 2012/2013 Vereinbarkeits-Maßnahmen für Männer häufiger praktiziert werden als sechs Jahre zuvor.

Heute gehört diese Vielfalt der Themen – von einigen Praktikern ausdrücklich als „Zweifach- und Dreifachbelastung" bezeichnet – in den Betrieben nicht mehr nur – wie 2006/2007 – zum generellen und instrumentellen Wissen, sondern bildet viel häufiger den Inhalt konkreter Maßnahmen. Die damit verbundenen Denk- und Gestaltungswerkzeuge werden als unverzichtbar für das zukünftig immer mehr zu praktizierende Kombinieren und Dynamisieren von Maßnahmen angesehen.

Literaturverzeichnis

AOK-Fehlzeiten-Report (2013): AOK-Fehlzeiten-Report 2012, Kapitel 29. Berlin/Heidelberg

BKK Bundesverband (2000 ff.): BKK Gesundheitsreport. Essen

BMFSFJ (2008): Erwartungen an einen familienfreundlichen Betrieb. Erste Auswertung einer repräsentativen Befragung von Arbeitnehmerinnen und Arbeitnehmern mit Kindern oder Pflegeaufgaben. Berlin

Gerbracht, P./Hegner, F./Kramer, U./Strecker, M. (2013): Familiensinn und Kundennähe – Attraktive Arbeitgeber bieten beides. Hrsg. MFKJKS des Landes NRW

IfD (2012a): Weil Zukunft Pflege braucht. Im Auftrag der R+V Versicherung. Allensbach

IfD (2012b): Monitor Familienleben 2012. Allensbach

IfD (2010): Monitor Familienleben 2010. Allensbach

IfD (2005): Familienfreundlichkeit im Betrieb – Ergebnisse einer repräsentativen Bevölkerungsumfrage. Hrsg.: BMFSFJ . Allensbach

Prognos AG (2012): Familienatlas 2012. Hrsg.: BMFSFJ . Berlin

Prognos AG (2007): Familienatlas 2007. Hrsg.: BMFSFJ. Berlin

Markowitsch, Hans-Joachim (2002): Dem Gedächtnis auf der Spur – Vom Erinnern und Vergessen. Darmstadt: Wiss. Buchgesellschaft.

Von Rosenstiel, Lutz/Nerdinger, Friedemann W. (2011): Grundlagen der Organisationspsychologie. 7., überarb. Auflage. Stuttgart: Schäffer-Poeschel.

Schacter, Daniel L. (2005): Aussetzer: Wie wir vergessen und uns erinnern. Bergisch Gladbach: Lübbe.

Spitzer, Manfred (2002): Lernen. Gehirnforschung und die Schule des Lebens. Heidelberg/Berlin: Spektrum Verlag.

Sozioökonomisches Panel (2009) – Berechnungen des ifo Instituts (2009). In: iwd 2012, Heft 10.

Statistische Ämter des Bundes und der Länder (2010): Demografischer Wandel in Deutschland, Heft 2. Wiesbaden

Statistisches Bundesamt (2012): GENESIS-Online Datenbank Tabellen Bevölkerung. Wiesbaden

Statistisches Bundesamt (2009): Bevölkerung Deutschlands bis 2060. Wiesbaden

Stressreport Deutschland (2012). Psychische Anforderungen, Ressourcen und Befinden. Hrsg. BAuA, 1. Auflage, Dortmund

Stefan Bader
Firmeninterne Einflüsse auf ein Projekt

Neben den bereits geschilderten Einflüssen von Kultur (siehe TLV 1/12) und äußeren Störgrößen (siehe TLV 2/13) werden in dieser Ausarbeitung die Einflüsse auf ein Projekt, die firmenintern verursacht sind, praxisnah dargestellt und Lösungsmöglichkeiten aufgezeigt.

Eines Projektleiters Hauptaufgabe ist es, das magische Dreieck zu wahren – sprich die Kosten, die Termine und die Qualität im Gleichgewicht zu halten.

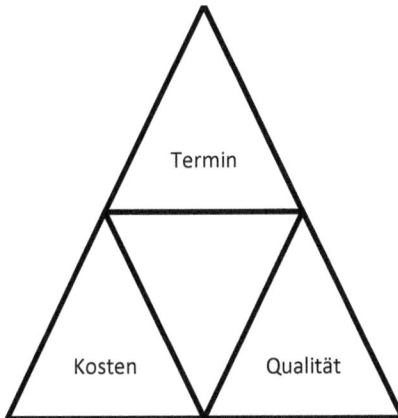

Abbildung 1 – Plangrößen eines Projektes[1]

Um einen Einblick zu erhalten, welche firmeninternen Faktoren diese drei Stellgrößen beeinflussen können, werden hier Beispiele aus der Praxis wiedergegeben.

---

[1] Vgl. Grimm, R. (2009) Einfach komplex, S. 26

Systemumstellung

Eine sehr kostenintensive Entscheidung bringt die Umstellung auf ein anderes CAD-System mit sich. In vielen Führungsebenen herrscht die Annahme vor, dass die bis dato erstellten Zeichnungen einwandfrei gelesen, geöffnet und editiert werden können. Die Praxis zeigt genau das Gegenteil. Da sich seit Jahren 3-D CAD Modelle in beinahe allen Bereichen etabliert haben, steigt dadurch auch die Komplexität der Zeichnungen. Wohin gegen früher einfach mit einer Rasierklinge die Tuschelinie weggekratzt worden war, müssen nun zeitintensiv die Bezugsebenen neu gesetzt werden. Die geschieht zwar bequem am PC, doch je umfangreicher eine Zeichnung ist, desto mehr Zeit ist für die Richtigstellung notwendig. Für den Fall, dass ein CAD System genutzt wurde, dass nur wenige oder gar keine Schnittstellen wie IGES, STEP oder Parasolid bereitstellt, muss die Zeichnung im neuen System komplett neu aufgebaut werden.

Als Hinweis kann für dieses Thema gegeben werden, sich mehrere CAD Systeme vorstellen zu lassen und die Lesbar- und Veränderbarkeit der alten Zeichnungen ausgiebig zu testen.

Gut geschätzt

Nehmen wir den Fall an, dass ein gelernter Zerspanungs-mechaniker über den 2. Bildungsweg sich zum Techniker weiterentwickelt hat. Irgendwann folgt dann vielleicht der Schritt zum Projektleiter. Als Einsteiger ist dieses umfangreiche Metier verfügt dieser noch nicht über die Erfahrung, wenn z. B. Mengengerüste von der Konstruktion oder Entwicklung für ein Arbeitspaket abgefragt werden. Die befragte Seite ist sich dies natürlich voll bewusst und wird großzügig schätzen und hohe Werte nennen.

Der Anfänger hat noch kein Gefühl dafür entwickelt und auch keine Erfahrung, dass beispielsweise eine einzige Zeichnungsänderung keine 80 h erfordert. Um ein Gefühl, besser gesagt, Erfahrung darüber zu erlangen, empfiehlt es sich, neben dem Konstrukteur Platz zu nehmen und sich eine solche Änderung einer Zeichnung oder eine Ausbesserung der Bezugsebenen zeigen zu lassen. Ein Blick auf die Uhr verrät die wirkliche Dauer. Die Annahme: der Beobachter hat für eine Änderung 15 min notiert. Die ganze Zeichnung benötigt 12 Änderungen. Dies entspricht umgerechnet drei Stunden. Reicht es, diesen Wert nun zu übernehmen?

Nein, denn die Zeichnungsänderung muss noch im jeweiligen System hinterlegt und aktualisiert werden. Erfahrungsgemäß wird mindestens noch mal die gleiche Zeitdauer dafür benötigt. Somit wären wir dann schon bei sechs Stunden. Schätzen wir noch etwas Verweilzeit dazu (Toilette, Rückfrage bei Kollegen, Gang in die Werkstatt um ein Teil nachzumessen usw.) ist für diese Änderungen ein Arbeitstag (8 h) realistisch. Mit der ursprünglichen Schätzung hätte der Kollege sich stolze neun Tage, in der Zeit er zwar anwesend war, jedoch nicht produktiv für das Unternehmen tätig, erwirtschaftet. Und diese Mannstunden würden auf das Projekt verbucht werden.

Nachstehend ein Beispiel eines Mengengerüstes:

lfd. Nr.	Bezeichnung	Aufwand [h]	Tätigkeit
1	Grundrahmen	36	konvertieren und neu anlegen
2	Ständer	18	Bezugsebenen korrigieren
3	Wiegevorrichtung	3,5	Änderungen einarbeiten
4	Schweißvorrichtung	160	vollständige Neukonstruktion

Tabelle 1 – Mengengerüst der Konstruktion[2]

---

[2] Vgl. Bader, S. (2014) eigene Tabelle

Single supplier

Je nach Projektgröße ist es manchmal unmöglich, sich alle Einzelteile anzunehmen. Hier verbirgt sich die Gefahr, dass aus mehreren Gründen ein Lieferant von der Entwicklung oder gar Einkauf ausgewählt wurde, der keinem Wettbewerb unterliegt. Dies hat mehrere gravierende Nachteile:

- Fällt dieser Lieferant aus, aus welchen Gründen auch immer, so steht in Ihrer Firma die Produktion.
- Liefert diese Firma schlechte Qualität, verzögert dies den Liefertermin und verursacht manchmal immense Kosten, die oft in jahrelangen Rechtsstreitigkeiten enden.
- Der Lieferant diktiert seine Preise.

In ganz wenigen Bereichen ist man auf nur einen Lieferanten angewiesen. Dies sollte die Ausnahme darstellen. Eine gute Beziehungspflege stellt die Lieferfähigkeit sicher. Damit ist gemeint, dass Besuche beim Lieferanten als auch dessen Besuche in der Firma zwingend nötig sind. Der Gegenüber erkennt seine Wichtigkeit im Prozess und man gibt ihm durch die Besuche zu verstehen, dass man ihm vertraut. Jedoch nicht bedingungslos. Eine pünktliche Begleichung dessen Rechnungen festigen das Verhältnis ebenso.

Sollte sich die Entwicklung und/oder der Einkauf außer Stande sehen, einen zweiten Lieferanten zu akquirieren, besteht die Möglichkeit der Eigenfertigung oder der Projektleiter (ist eigentlich nicht Teil seiner Aufgabe) sucht im weltweiten Netz nach einem konkurrierenden Lieferanten. Auch Besuche von Fachmessen können neue Lieferanten zu tage fördern.

Prozesskette

Der Projektfluss richtet sich oft nach dem Kanban-Prinzip, d. h. sobald ein Auftrag im Hause ist, „zieht" der Kunde regelrecht das Produkt durch den firmeneigenen Prozess. Der Steuerung dieses Prozesses obliegen eine große Verantwortung und noch größere Detailkenntnisse der firmeninternen Abläufe. Eine erfahrene Truppe in der Arbeitsvorbereitung bewältigt diese Aufgabe hervorragend. Durch eine kleine Unachtsamkeit kann deren Steuerung zunichte gemacht werden. Was war gesehen? Ein Meister der Fertigung fragte in der Konstruktion eine Zeichnung an. Der Konstrukteur erkundigte sich, welche er benötige, da es sechs verschiedene Varianten davon gibt. Man wurde sich einig. Zwei Tage später wurde diese Zeichnung, obwohl überhaupt nicht offiziell über die Arbeitsvorbereitung in die Produktion gesteuert, dort auf einem Montagetisch aufgefunden und der Monteur arbeitete danach.

Diese beiden groben Fouls führten beinahe dazu, dass falsche Teile montiert worden wären. Um genau dies zu verhindern, hat das Unternehmen für teures Geld ein Management-Informations-System angeschafft und investiert weiteres Geld, um dies um die Erfordernisse der Firma anzupassen und ständig zu aktualisieren.

Lessons learned daraus:
- Die Produktion holt sich selbst nie Zeichnungen aus der Konstruktion, denn diese werden von der Arbeitsvorbereitung mit den dazugehörigen Fertigungsplänen gesteuert verteilt.
- Ein Konstrukteur gibt niemals eine Zeichnung direkt in die Fertigung.
- Ein Meister verteilt keine Zeichnungen / Stücklisten / Fertigungspläne ohne Rücksprache mit der Arbeitsvorbereitung

Geändert und keine Änderung

Mit viel Aufwand, weil zeitintensiv, wird die Ablage der Dokumente im firmeninternen Datensystem betrieben. Hierdurch wird gezielt gesteuert, welche Zeichnungen für welche Produkte Gültigkeit besitzen. Eine simple Aufgabe ist es, eine in der Produktion festgestellte Abweichung auszubessern, den Index der Zeichnung hochzusetzen und diese in den Freigabelauf im System bereit zu stellen. Es versteht sich von selbst, dass die Ursache der Abweichung ergründet und beseitigt wurde.

Interessanterweise kam eine Qualitätsmeldung im Q-System zur Sprache. Hier wurde ein Mangel an einem Teil festgestellt. Zur Kontrolle wurde die aktuelle Zeichnung aus dem System herangeholt. Vor Jahren war die Zeichnung bereits einmal geändert worden. Die Ursache dafür: genau das gleiche Problem wie heute. Das bedeutet im Umkehrschluss: eine Änderung wurde zwar durchgeführt, die jedoch nicht die Ursache des Problems abstellen konnte. Aus welchen Gründen die Produktion es versäumt hat, diese doch wichtige Rückmeldung nicht weiterzugeben kann nur mit Vermutungen angestellt werden. Diese wären: fehlendes Verantwortungsgefühl, Ignoranz, Unwissenheit oder auch schlichtweg Bequemlichkeit.

Die Reichweite einer solchen Tat ist gewaltig. Die Ware wird vom Kunden nicht abgenommen oder noch schlimmer, der Mangel wird erst durch den Kunden nach Auslieferung festgestellt. Nie kalkulierte Zusatzkosten belasten nun das Projekt und tragen zum Imageschaden der Firma bei. Die Aussage von HR Managern: „Werden Sie hier nur für Anwesenheit bezahlt oder doch für Leistung" trifft den Punkt exakt.

Selbstkontrolle

Ein weiteres Beispiel: Die Versendung der georderten Waren steht bevor. Damit die Vollständigkeit geprüft werden kann, wird von der Disposition eine Kommissionierliste erstellt. Es handelt sich hierbei um abgewandelte Stücklisten mit dem Teilenahmen, dem Teilekennzeichen (TKZ) und der Artikelnummer. Im Prinzip das ideale Werkzeug um zu kontrollieren, ob der Lieferumfang alle Artikel enthält. Es schadet nicht, vor dem Beladen des Lkw oder Containers die komplette Sendung mittels obig erwähnter Liste selbst zu kontrollieren. Gerade beim vielen ähnlichen Produkten ist schnell eine Verwechslung passiert. Die zusätzliche Kontrolle schafft Sicherheit.

Was wird gewünscht

Vor einer Angebotsabgabe gilt es alle bis dato vorliegenden Fakten auf Plausibilität mittels einer bid/no-bid Analyse hin zu prüfen. Diese Prüfung kann verfälscht werden, da mitunter noch nicht alle Daten geschlossen vorliegen oder manche Daten decken sich einfach nicht mit den Erfahrungswerten. Eine Anfrage aus dem Ausland fragte nach einer sehr geringen Stückzahl von Gütern an. Das Angebot wurde gem. dem etablierten Prozess erstellt. Erst durch ein nochmaliges Nachfragen seitens des Vertriebs, erwirkt durch den zuständigen Projektleiter, wurde festgestellt, dass der Kunde anstatt der ursprünglich angedachten Ware lediglich das Trainings- und Ausbildungsgerät in geringer Stückzahl beschaffen wollte. Da beide Produkte sich preislich stark voneinander unterscheiden, konnte hier noch rechtzeitig der korrekte, für die Firma akzeptable Preis eingesetzt werden.

$ oder €

Ein Beispiel, erneut aus der Abteilung Vertrieb zeigt, wie kleine Unstimmigkeiten doch große Auswirkungen nach sich ziehen können. Für ein Angebot wurde die Kalkulation im EDV-System berechnet. Die daraus resultierenden Preise dann ist das Angebot übertragen. Wieder buchstäblich in letzter Minute fiel auf, dass die Währung falsch eingetragen war. Die Anfrage wurde in US $ gestellt, angeboten wurden allerdings €.

Somit hätte sich der Preis der Waren für den potentiellen Kunden stark verteuert. Wie kam dies? Das EDV-Programm ist nicht flexibel genug, die Währung umzustellen. Die Zahlen wurden korrekt berechnet; allerdings wurde fest hinterlegt, beim Ausdruck diese in € auszuweisen. Der Vertrieb hatte dies dann so übernommen.

Einheit

Eine Firma aus der Maschinenbaubranche hatte zur Versteigerung der Versandabteilung einen gelernten Zimmermann eingestellt. Dieser sollte die Holzverpackungen für die Maschinenteile übernehmen. Eines Tages fuhr ein Schwertransporter vor das Werkstor, um seine Warenlieferung anzukündigen. Geladen hatte er eine sehr große und lange Holzkiste. Es herrschte großes Erstaunen, warum denn eine solch große Kiste nötig sei.

Die Ursache war schnell gefunden. In Zeichnungsangaben für Zimmerleute werden alle Maße in Zentimeter angegeben. Im Metallbau dagegen in Millimeter. Somit war die Kiste um den Faktor 10 zu groß geraten. Um den Schaden gering zu halten, wurde die große Kiste zu mehreren kleineren Kisten konvertiert.

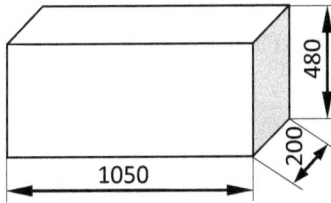

Abbildung 2 – Abmessungen einer Kiste[3]

Diese doch erheiternde Geschichte zeigt, dass trotz EDV-Einsatz, definierten Prozessen Fehler sich ereignen, die rein menschlich verursacht sind.

Namen

Aufgrund der Vielzahl von involvierten Abteilungen innerhalb eines Projektes werden für gleiche Teile abteilungsrelevante Begriffe dafür verwendet. Dies unterstützt Verwechselungen. Während die Konstruktion für ein elektronisches Bauteil die Bezeichnung „Leistungsverstärker" wählte, wurde dies in der Fertigung mit „Endstufe" angesprochen. Und auf manchen Stücklisten war dann noch der Name „Verstärkungseinheit" zu finden. Gerade Neueinsteigern erschwert diese Begriffsvielfalt das Leben unnötig. Als Regeln soll gelten, dass die Entwicklung den Begriff so gut bedacht als möglich vorgibt. Alle anderen Abteilungen richten sich danach und verwenden diesen Begriff ebenso. Ansonsten wird die Suche danach im MIS doch sehr zeitintensiv.

3 Vgl. Bader, S. (2014) eigene Darstellung

Nachfolgende grafisch die verschiedenen internen Stellen, die
Einfluss auf ein Projekt haben können.

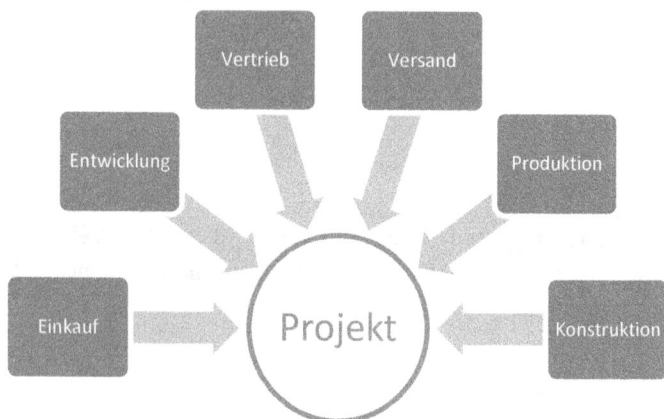

Abbildung 3 – Abteilungseinfluss auch ein Projekt[4]

An Stellen, die von Menschen betreut werden oder menschlicher
Einfluss ausgeübt wird, gab es und wird es auch immer
menschliches Fehlen oder gar Versagen geben. Eine Null-Fehler
Quote gibt es nicht. Da solche Unwägbarkeiten schwer vorher zu
sagen sind, ist die einzige Möglichkeit Schadensbegrenzung zu
betreiben, d. h. die Auswirkungen zu minimieren und diese
möglichst rasch abzustellen. Jeder früher die Abweichung
bekannt ist, desto mehr Zeit bleibt, den Fehler abzustellen. Eine
offene Kommunikation über alle Ebenen hinweg unterstützt.
Persönliche Aversionen gegenüber manchen Projektmitgliedern
sollten erst gar nicht auftreten. Falls doch helfen Vier-Augen-
Gespräche unter der Moderation des Projektleiters. Deeskalation
hat die Devise.

---

4 Vgl. Bader, S. (2014) eigene Darstellung

Literaturverzeichnis

Grimm, Reinhard (2009) Einfach komplex. Neue Herausforderungen im Projektmanagement, VS Verlag für Sozialwissenschaften, Wiesbaden/D.

Marcus Diedrich
Konzeptionelle Grundlagen von Social Media

Inhaltsverzeichnis

Konzeptionelle Grundlagen von Social Media

Konzeptionelle Grundlagen von Social Media

In diesem Kapitel soll die Grundlage für das Verständnis der vielzitierten sozialen Medien innerhalb des Web 2.0 geschaffen werden. Im Anschluss an eine begriffliche Klärung wird die Entstehung des Begriffs Web 2.0 erläutert und erklärt, welche Dimensionen das Web 1.0 vom Web 2.0 abgrenzen. Darauf folgend wird aufgezeigt, welche technischen Entwicklungen nötig waren, um das Web 2.0 möglich zu machen. Nach einer kurzen kritischen Betrachtung des Begriffs Web 2.0 wird schließlich der Begriff Social Media definiert. Danach werden die Auswirkungen vorgestellt, die soziale Medien auf die Kommunikation haben und aufgezeigt, wie Social Media von Internetusern genutzt wird und welche Nutzertypen sich etabliert haben. Der letzte Absatz befasst sich mit den Risiken des Social Media-Marketings. Hierbei wird besonders auf Faktoren wie Kontrollverlust, Kritik und Copyright eingegangen.

1. Definition Web 2.0

Im Web 1.0 waren die Informationsmöglichkeiten für Kunden begrenzt. Anlaufpunkte waren Unternehmenskataloge, Prospekte, Newsletter oder die Website der Unternehmen. Vor der Entscheidung für oder gegen ein Produkt ging man in den Fachhandel, man tauschte sich im Freundeskreis aus oder kaufte Testberichte. Der Umfang an Informationsquellen und insbesondere deren Aktualität waren jedoch eingeschränkt.[1] Das Web 2.0 ist eine Weiterentwicklung des Web 1.0, die in erster Linie durch Partizipation und Einbindung des Internetnutzers gekennzeichnet ist.[2] *„Seitdem der Begriff 2004 von Tim O'Reilly geprägt wurde, entwickelte er sich zum Marketing-Schlagwort."*[3] Der Begriff be-

---

[1] Vgl. Frank, E., 2014, Seite 97
[2] Vgl. Bruhn, M., 2014, Seite 1037
[3] Lammenett, E., 2012, Seite 239

zeichnet keine spezielle Technik oder eine bestimmte Software-Version, sondern vielmehr das Zusammenwirken verschiedener Methoden und Werkzeuge und eine damit einhergehende soziale und wirtschaftliche Entwicklung.[4] Das World Wide Web wird als Ausführungsplattform gesehen, um mit anderen Internetnutzern in Kontakt zu treten.[5] Den Unterschied machen die Nutzer aus, die jetzt eine ganz andere Bedeutung haben: Ihre Teilnahme wird zum Zweck und Ziel des Web 2.0.[6] Die Nutzer beteiligen sich durch die technischen Möglichkeiten aktiv an der Gestaltung und dem Inhalt der im Internet angebotenen Informationen.[7] Die besondere Bedeutung dieser technischen Möglichkeiten ergibt sich vor allem aus der Netzwerkbildung und der Verknüpfung von Menschen und Gruppen. Entscheidend ist hierbei Reed's Law, nach dem der Wert eines Netzwerkes extrem stark durch neue Mitglieder wächst, wenn im Netzwerk Gruppen gebildet werden können.[8] Plattformen wie Wikipedia, Facebook und Twitter hätten ohne diesen Grundgedanken niemals einen so großen Erfolg erzielt.[9]

Web 2.0 beschreibt das Phänomen, dass Inhalte und Seiten im Internet nicht mehr nur von ausgewählten Spezialisten oder Unternehmen erstellt und verändert werden können, sondern durch die Gemeinschaft der Internetnutzer selbst.[10] Inhalte werden also nicht mehr nur zentralisiert von großen Medienunternehmen erstellt und über das Internet verbreitet, sondern auch von einer Vielzahl von Individuen.[11] Die größte Veränderung ist sozialer Natur, denn die Web 2.0 Plattformen sind dadurch gekennzeichnet, dass sie die Nutzer zum Mitmachen auffordern, sozialen

---

[4] Vgl. Lammenett, E., 2012, Seite 239
[5] Vgl. Bruhn, M., 2014, Seite 1037
[6] Vgl. Langkamp, K./Köplin, Th., 2014, Seite 68
[7] Vgl. Ruisinger, D., 2007, Seite 193
[8] Vgl. Evans, D., 2008, Seite 52 f.
[9] Vgl. Langkamp, K./Köplin, Th., 2014, Seite 68
[10] Vgl. Kaplan, M./Haenlein, M., 2010, Seite 60f.
[11] Vgl. Lammenett, E., 2012, Seite 239

Austausch ermöglichen, vernetzt sind und aus User-Generated-Content bestehen. Das sind alle Formen von Inhalten, die von Nutzern selbst erstellt und im Web 2.0 veröffentlicht und ausgetauscht werden.[12] Der Internetnutzer, der in der Vergangenheit nur passiv Inhalte im Internet konsumieren konnte, ist im Web 2.0 in der Lage, selbst als Produzent von Inhalten aufzutreten und mit den Unternehmen auf Augenhöhe zu kommunizieren.[13] Er wird zu einem aktiven Teilnehmer, der sich aktiv im Internet beteiligt, selbst Inhalte erstellt und verbreiten kann.[14] Informations- und Austauschplattformen werden umso attraktiver, je mehr Menschen daran mitarbeiten.[15]

„Zusammenfassend lässt sich festhalten: Das Web 2.0 umfasst Internet-Anwendungen und -Plattformen, die die Nutzer aktiv in die Wertschöpfung integrieren – sei es durch eigene Inhalte, Kommentare, Tags oder auch nur durch ihre virtuelle Präsenz. Wesentliche Merkmale der Wertschöpfung sind somit Interaktivität, Dezentralität und Dynamik."[16]

Entstehung des Web 2.0

Das Internet hat die Informationsverbreitung sowie den Datentransfer revolutioniert. Es wurde lange Zeit nur als Sender zur Veröffentlichung, Verteilung oder zum Austausch von Daten, Informationen und multimedialen Inhalten genutzt. Es gab eine strikte, zweiteilige Rollenverteilung, in der zum einen der passive User als Empfänger der Nachrichten und zum anderen der aktive Ersteller dieser Informationen involviert waren.[17] Im Jahr 2004 kreierte Tim O'Reilly gemeinsam mit „MediaLive International" während einer Fachkonferenz den Begriff Web 2.0. *„Das Ziel der*

[12] Vgl. Kaplan, M./Haenlein, M., 2010, Seite 61
[13] Vgl. Schiele, G./Hähner, J./Becker, C., 2007, Seite 6
[14] Vgl. Kreutzer, R./Merkle, W., 2008, Seite 149
[15] Vgl. Langkamp, K./Köplin, Th., 2014, Seite 68
[16] Walsh, G./Kilian, Th./Hass, B.H., 2011, Seite 6
[17] Vgl. Kollmann, T./Häsel, M., 2007, Seite 1

Konferenz war der Austausch über die Veränderungen des Webs nach dem Ende der New Economy. Zum damaligen Zeitpunkt war „Web 2.0" lediglich der Name für eine Internetkonferenz und markiert die Zeit nach dem Platzen der Internetblase im März 2000."[18] Beim Diskutieren über die Erfolgsfaktoren jener Internetunternehmen, die das Platzen der „Dot-com Blase" überlebten, kamen die Parteien zu der Erkenntnis, dass diese Betriebe im Zuge des Branchenzusammenbruchs eine entscheidende Wende im Internet und dem Verhalten ihrer User erkannt hatten. Jene Online-Unternehmen die sich den Gegebenheiten dieser Wende anpassten, wurden dem Begriff Web 2.0 zugeordnet, der sich schnell in Wissenschaft und Praxis verbreitete.[19] Für Tim O'Reilly ist die Nutzung des Webs als Plattform ein entscheidender Faktor. Die neuen Technologien machen es möglich, Webseiten als eine Art kooperierenden Service anzubieten, ohne ein Programm auf dem Computer installieren zu müssen. Es kann als kostenlos zugängliche Software gesehen werden, die, je mehr Nutzer daran teilnehmen, als System besser wird.[20]

Web 2.0 in zwei Dimensionen

Eine Typisierung von Web 2.0-Nutzern bezieht sich auf zwei wesentliche Dimensionen des Web 2.0: den Gestaltungsgrad und den Kommunikationsgrad. Die Dimension Gestaltungsgrad umfasst verschiedene Ausprägungen zwischen betrachtender und gestaltender Nutzung des Internets. Die zweite Dimension, der Kommunikationsgrad, beinhaltet auf der einen Seite individuelle, private Kommunikation. Auf der anderen Seite reicht sie bis zur öffentlichen Kommunikation, bei der die Nutzer das Internet als Kommunikationsplattform verstehen und mit anderen Nutzern den öffentlichen Informationsaustausch suchen.

---

[18] Hettler, U., 2010, Seite 4
[19] Vgl. O'Reilly, 2005, Online
[20] Vgl. Adomeit, S., 2008, Seite 16

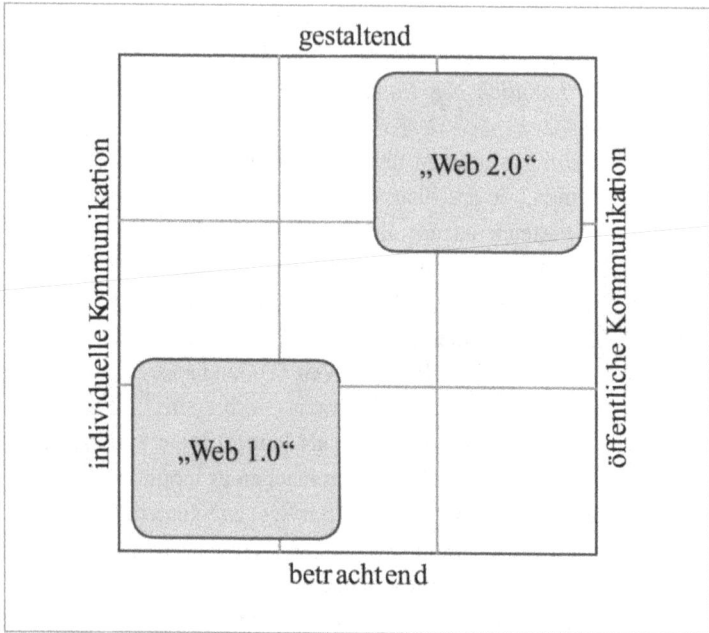

Abbildung 1: Vom Web 1.0 zum Web 2.0[21]

Erste Dimension: Gestaltungsgrad

Die Gestaltungsmöglichkeit der Nutzer ist das hervorstechendste Merkmal von Web 2.0-Anwendungen. Deshalb ist unter anderem auch vom Mitmachweb die Rede. Kurz gesagt: *„Web 2.0 ist Mitgestaltung im Netz und öffentliche Kommunikation."*[22] Es ist für jedermann einfach möglich, Inhalte zu veröffentlichen. Eine wichtige Voraussetzung für diese Möglichkeiten ist die im folgenden Kapitel beschriebene, mittlerweile flächendeckende Verbreitung breitbandiger Internetanschlüsse. Eine Reihe von Webangeboten, wie Blog-Software, Social-Networking-Sites, Foto- oder Videocommunities, ermöglichen ohne besondere Vorkenntnisse Texte, Bilder oder Videos ins Netz zu stellen und über

---

[21] Vgl. Trump, T./Klingler, W./Gerhards, M., 2007, Seite 9
[22] Trump, T./Klingler, W./Gerhards, M., 2007, Seite 10

Websites zu verbreiten. Diese Möglichkeit wird häufig als User-Generated-Content beschrieben, der nicht nur journalistische Publikationen, sondern auch kleine Veränderungen und Anmerkungen auf Websites beinhaltet.[23]

Zweite Dimension: Kommunikationsgrad

Das Veröffentlichen von Inhalten im Netz ist gleichbedeutend mit Kommunizieren; in dem Sinne, dass durch die Veröffentlichung von Inhalten gleichsam ein Prozess der öffentlichen Kommunikation in Gang gesetzt wird, da typische Web 2.0-Anwendungen einen Rückkanal anbieten, der Kommentare und Bewertungen zulässt. So ist eine öffentliche Kommunikation über die Inhalte zwischen Produzenten und Nutzern innerhalb der Anwendung möglich. Entscheidend ist, dass diese Interaktionen nicht nur auf die Anwendung auf der Website begrenzt sind, sondern über viele verschiedene Websites hinweg geschehen.[24] Die „Share on Facebook"-Funktion erlaubt es beispielsweise, Content mit dem persönlichen Netzwerk zu teilen. Dabei ist es irrelevant, ob dies von einer Website durch eine „Gefällt mir"-Funktion unterstützt wird, oder ob der Anbieter des Contents dies wünscht. Der Link einer Website kann aus der Adresszeile eines Browsers kopiert und in Facebook als Statusmeldung eingefügt werden, um den Content mit seinem gesamten Netzwerk zu teilen. Unternehmen können nicht länger kontrollieren, wer welche Information mit wem teilt.[25] Dadurch ist es möglich, Diskussionen über verschiedene Websites hinweg zu führen. Darüber hinaus werden Websites durch gegenseitige Bezugnahmen von den Nutzern in einem kontinuierlichen Prozess immer enger miteinander vernetzt, beispielsweise durch Links, die auf andere Websites verweisen oder durch Schlagworte, mit denen die Nutzer Inhalte kennzeichnen.[26]

---

[23] Vgl. Trump, T./Klingler, W./Gerhards, M., 2007, Seite 11
[24] Vgl. Trump, T./Klingler, W./Gerhards, M., 2007, Seite 12
[25] Vgl. Holzapfel, F./Holzapfel K., 2011, Seite 37
[26] Vgl. Trump, T./Klingler, W./Gerhards, M., 2007, Seite 12

Zentrale Faktoren für den Verhaltenswandel

Drei zentrale Faktoren erklären den abrupten Verhaltenswandel und die damit zunehmenden Web 2.0-Angebote. Zum einen geben zwei technische Veränderungen neue Möglichkeiten. Eine bessere Verfügbarkeit von Technologien bietet die Grundvoraussetzung zur User-Integration. Der zweite technische Faktor ist die verbesserte Infrastruktur, also die starke Verbreitung von Internet-Breitbandzugängen, welche die rasche Übertragung von Videos und Fotos ermöglichen. Zum anderen wurde ein grundlegend verändertes Nutzungsverhalten der User erkannt, da viele durch das Aufwachsen im Computer- und Internetzeitalter technisch versierter handeln können. Der dritte Faktor ist die mobile Internetnutzung.[27]

Veränderte Bedürfnisse und Nutzungsverhalten

Wie in diesem Kapitel beschrieben, sind zahlreiche Internetnutzer nicht nur passive Informationskonsumenten, sondern vielmehr selbst Informationslieferanten und Produzenten im Internet. Das Bedürfnis nach benutzergenerierten Inhalten nimmt dynamisch zu. Der gegenseitige aktive Austausch von Informationen wird immer wichtiger.[28]

Verbesserte Verfügbarkeit von Technologien

Damit sind beispielsweise Web-Service APls, AJAX, RSS oder die Basistechnologien zur Erstellung von Blogs und Wikis gemeint, die die Nutzung der Angebote erleichtern. Durch diese Technologien wird eine schnellere und vereinfachte Nutzung neuer Internetangebote durch Konsumenten und Anbieter ermöglicht.[29]

---

[27] Vgl. Bruhn, M., 2014, Seite 1038
[28] Vgl. Bruhn, M., 2014, Seite 1038
[29] Vgl. Bruhn, M., 2014, Seite 1038

Technische Infrastruktur

Durch die flächendeckende und kostengünstige Verfügbarkeit von Breitband-Internetzugängen steht diese Art der Kommunikation einer breiten Bevölkerungsschicht offen.[30] Die Pioniere des Webs sind zum Teil deshalb gescheitert, weil die Rahmenbedingungen für das Web bis Beginn des neuen Jahrtausends nicht stimmten. Davon waren vor allem die breite Masse, also die Kunden und Mitarbeiter eines Unternehmens, betroffen, da die ersten DSL-Anschlüsse vor allem Unternehmen und Organisationen vorbehalten waren. Unternehmen konnten Inhalte wie beispielsweise aufwändige Kataloge im PDF-Format oder Videos bereitstellen; die Kunden konnten sie aber nur über ihr analoges Modem mit 56 Kilobit pro Sekunde abrufen. Da die analogen Anschlüsse nach Zeit oder Datenmenge abgerechnet wurden, überlegte sich der Endnutzer gut, ob er sich große Dateien herunter lud.[31] Erst durch die gesteigerten Datenübertragungsraten sind viele Webapplikationen und damit auch das weite Feld der Social Media erst sinnvoll zu nutzen. Mit der Einführung von DSL und bezahlbaren Tarifen wurde das Web der breiten Masse zugänglich. Auch die Internet-Nutzungskosten sind im Laufe der Zeit deutlich gesunken und haben somit die Attraktivität des Webs in den Augen der Nutzer steigen lassen.[32]

Ein weiterer Treiber für das Web 2.0 sind die stark fallenden Preise für Speichermedien. Alle anfallenden Daten müssen gespeichert werden. Die immer größeren Volumen von Festplatten zu immer kleineren Preisen sind vor allem für Anbieter wie YouTube wichtig, da sie mit hohem und schnellem Speichervolumen auf einer niedrigen Kostenbasis arbeiten und dem Nutzer gratis Speicherplatz anbieten können.[33] Die sinkenden Preise für Spei-

---

[30] Vgl. Kaplan, M./Haenlein, M., 2010, Seite 60f.
[31] Vgl. Hettler, U., 2010, Seite 3
[32] Vgl. Bruhn, M., 2014, Seite 1038
[33] Vgl. de Buhr, Th./Tweraser, S., 2010, Seite 73

cher haben die hohe und wachsende Verbreitung von digitalen Kameras begünstigt. Noch vor knapp zehn Jahren waren analoge Videokameras der Standard. Diese hatten nicht nur den Nachteil, dass sie groß und schwer sind, sondern auch der Videoschnitt war nur Experten vorbehalten. Heute besitzen moderne Smartphones bereits integrierte Kameras, die Videos in HD-Qualität aufnehmen können. Applikationen zur Bildbearbeitung können direkt auf das Telefon geladen werden. Moderne Digitalkameras bieten eine Videofunktion und zudem bessere Objektive als eine Smartphonekamera. Mit diesen Produktionsmitteln kann jeder Nutzer zum Produzenten werden und hochwertige Inhalte selbst erstellen.[34]

Mobile Internetnutzung

Ein Trend, der in den letzten Jahren eine immer größere Bedeutung erlangt, ist die mobile Internetnutzung.[35] Mobiles Internet bezeichnet die Bereitstellung einer Internetverbindung auf Mobilgeräten. *„Nur noch die wenigsten Konsumenten surfen ausschließlich an einem festen PC zuhause im Netz. Wenn sie keinen Laptop benutzen, dann surfen sie dennoch fast alle mobil. Mittlerweile fast jeder Handybesitzer hat ein Smartphone – und surft damit mobil im Netz. Tablets finden Einzug in die Wohnzimmer und etablieren sich als Arbeitsgerät und Unterhaltungsmedium."*[36] Die zunehmende Verbreitung mobiler, internetfähiger Endgeräte – also von Laptops über Tablet-PCs und Smartphones bis hin zu Smartwatches – stellt einen wichtigen Treiber des Mobile-Marketings dar.[37] Wichtig ist bei all diesen Entwicklungen, dass der zunehmende Einsatz von mobilen Endgeräten, wie Tablet-PCs und Smartphones, den stationären Zugang nicht ersetzt, sondern neue Nutzungssituationen ermöglicht.[38]

---

[34] Vgl. de Buhr, Th./Tweraser, S., 2010, Seite 73
[35] Vgl. Bruhn, M., 2014, Seite 1039
[36] Wiedemann, H./Noack, L., 2015, Seite 236
[37] Vgl. Kreutzer, R./Rumler, A./Wille-Baumkauff, B., 2015, Seite 231
[38] Vgl. Kreutzer, R., 2014, Seite 4

2. Einordnung des Begriffs Social Media

Social Media-Kommunikation vollzieht sich auf online-basierten Plattformen und kennzeichnet sowohl die Kommunikation als auch die Zusammenarbeit zwischen Unternehmen und Social Media-Nutzern sowie deren Vernetzung untereinander.[39] Social Media kann als die Erstellung, der Konsum und der Austausch von Informationen durch soziale Interaktionen in Online-Netzwerken und auf Online-Plattformen angesehen werden.[40] Der soziale Austausch zwischen den Nutzern findet auf den Social Media-Plattformen statt.[41] Social Media ermöglichen das orts-, raum- und zeitunabhängige Speichern, Verarbeiten und Übermitteln von Informationen unterschiedlichster Art (Text, Bild, Bewegtbild, Sprache) zwischen Individuen, die in irgendeiner Weise zueinander in Beziehung stehen. Sie realisieren so die Verbindung und Vernetzung dieser Individuen zu einer Gruppe und geben jedem Gruppenmitglied die Möglichkeit den Austauschprozess aktiv zu gestalten.[42] *„Social Media sind eine Plattform, auf der Menschen online Ideen, Content, Gedanken austauschen und Beziehungen herstellen können. Social Media unterscheiden sich von den sogenannten Massenmedien dadurch, dass jeder Social-Media-Content erstellen, kommentieren und erweitern kann. Social Media können die Form von Text, Audio, Video, Bildern und Communities (Gemeinschaften) annehmen."[43]* Unter Social Media wird eine Reihe von Anwendungen im Internet verstanden, die die oben beschriebenen Möglichkeiten des Web 2.0 unterstützen und damit das Erstellen und den Austausch von User-Generated-Content sowie die soziale Interaktion zwischen einzelnen Nutzern ermöglichen.[44] Die aktive Beteiligung der

---

[39] Vgl. Bruhn, M., 2014, Seite 1041
[40] Vgl. Ceyp, M./Scupin, J.-P., 2011, Seite 10
[41] Vgl. Urchs, O., 2007, Seite 11
[42] Vgl. Mack, D./Vilberger, D., 2016, Seite 17
[43] Scott, D.M., 2012, Seite 94
[44] Vgl. Kaplan, M./Haenlein, M., 2010, Seite 60f.

Nutzer kann ein Wir-Gefühl unter den Mitgliedern erzeugen und soziale Beziehungen zwischen ihnen aufbauen. Aus Unternehmenssicht soll es zu einer stärkeren emotionalen Bindung und Loyalität gegenüber den eigenen Angeboten führen.

Social Media ist also um ein Vielfaches effizienter als die zuvor genutzten Marketing- und Kommunikationskanäle.[45] Der Begriff Social Media steht für den Austausch von Informationen, Erfahrungen und Sichtweisen mithilfe von Community-Websites.[46] Es besteht ein fundamentaler Unterschied zu den traditionellen Medien wie Fernsehen, da Nutzer selbst die Inhalte kommentieren oder sogar den Verlauf verändern können.[47]

Veränderungen der Kommunikation durch Social Media
Aufgrund der Web 2.0-Technologien im Allgemeinen und Social Media im Speziellen haben sich neue Formen und Mechanismen der zwischenmenschlichen Kommunikation im Internet etabliert. Diese haben sich schnell und weiträumig verbreitet und gleichzeitig Einfluss auf Wirtschaft, Gesellschaft, Kultur und traditionelle Massenmedien genommen. Im Folgenden wird dargestellt, wie Social Media Einfluss auf die Medien sowie die Kundenkommunikation von Unternehmen nimmt.

Einfluss von Social Media auf die Medien
Social Media hat hinsichtlich der Medien vor allem auf das Kommunikationsmodell der klassischen Massenmedien erhebliche Auswirkungen. Herkömmliche Massenkommunikation ist durch eine klare Trennung von Sender (Kommunikator) und Empfänger (Rezipient) gekennzeichnet.[48] Ein Rollentausch ist dabei nicht vorgesehen. Mit der zunehmenden Verbreitung des

---

[45] Vgl. Safko, L., 2010, Seite 4f.
[46] Vgl. Weinberg, T., 2010, Seite 1
[47] Vgl. Evans, D., 2008, Seite 33
[48] Vgl. Rothe, F., 2006, Seite 80

Internets und der Etablierung sozialer Medien hat sich jedoch die strikte Rollenverteilung zwischen Sender und Empfänger verändert: Bisher voneinander getrennte Kommunikationstechniken, wie Sprache, Text, Video und Audio, sind miteinander verschmolzen. Das führt zum einen zu einer Auflösung der Grenzen zwischen Massen- und Individualkommunikation und zum anderen zu einer Verflechtung der Kommunikationsrollen von Kommunikator und Rezipient. Die Nutzer sind mittlerweile in der Lage, Inhalte selbst zu erstellen und in Umlauf zu bringen. Sie können also die Sender-Rolle übernehmen, die bisher stets das Medium selbst innehatte. Damit wird das Sender-Empfänger-Modell der klassischen Massenmedien relativiert. Vor allem die Elemente der Interaktion und der Partizipation stehen heutzutage im Vordergrund der Kommunikation und werden von Kunden erwartet.

Das Web 2.0 und Social Media erlauben es also dem einst passiven Rezipienten, sich seine eigene Welt zu erschaffen, indem er Medieninhalte selbst generiert. Diese als User-Generated-Content bezeichneten Inhalte stellen einen Spiegel der Gesellschaft dar und stehen oftmals in Konkurrenz zu den klassischen Massenmedien. User-Generated-Content lässt sich definitorisch in folgende Kriterien zerteilen:[49]

- *Freiwilligkeit:* Der Entstehungsprozess der Inhalte muss außerhalb professioneller Routinen stattfinden und intrinsisch – das heißt freiwillig, ohne äußere Anreize und aus der Arbeit selbst heraus – motiviert sein.
- *Kreativität:* Ein gewisses Maß an kreativer Eigenleistung und Schaffenshöhe sollte das Arbeitsergebnis auszeichnen.
- *Öffentlichkeit:* Die Arbeitsergebnisse müssen der Öffentlichkeit zugänglich sein.

---

[49] Vgl. Michelis, D., 2009

User-Generated-Content bedeutet, dass die Besucher einer Plattform zu ganz wesentlichen Teilen am Aufbau des Inhalts beteiligt
sind. Viele Menschen, die sich nicht oder nur flüchtig kennen,
arbeiten an gemeinsamen Aussagen, Strukturen und Erschei-
nungsbildern.[50] Durch die Kombination von User-Generated-
Content und den direkten Antwortmöglichkeiten innerhalb sozialer Medien wird erstmalig eine Many-to-Many-Kommunikation
möglich.

Einfluss von Social Media auf die Kundenkommunikation
Traditionelles Marketing ist nicht mit den Social Media kompati-
bel. Das Social Web ist nicht nur ein anderes Format; es ist eine
ganz andere Form der Kommunikation.[51] Daraus resultieren neue
Herausforderungen für Unternehmen, die als grundlegende Veränderungen des Marketings und der Kundenkommunikation allgemein beschrieben werden können: *„Im klassischen Marketing
herrschen meist 1:n Beziehungen, Hierarchien und einseitige
Kommunikationskanäle. Dies alles existiert im heutigen Internet
dank Social Media vielfach nicht mehr. Werbetreibende und Unternehmen müssen sich somit im Internet an die neue Situation
gewöhnen, nur noch einer unter vielen zu sein, zu kommunizieren
und sich die Aufmerksamkeit ihrer Verbraucher immer wieder
von Grund auf zu erarbeiten.“[52]* Unternehmen müssen sich in
Zeiten der Informationsüberlastung der Aufgabe stellen, das Interesse ihrer Zielgruppe zu wecken und in direkten Kontakt mit
Einzelpersonen zu treten. Heutzutage stehen die Menschen und
nicht die Produkte der Unternehmen im Vordergrund. Daher
können Markenbotschaften nicht länger durch einen Top-down-
Prozess, in dem der Verbraucher keinerlei Mitbestimmungsrecht
hat, auf das Produkt übertragen werden. Kunden erwarten keine
Push-Strategien, sondern agieren selbst nach dem Pull-Prinzip:

---

[50] Vgl. Ebersbach, A./Glaser, M./Heigl, R., 2011, Seite 206
[51] Vgl. Baekdal, T., 2009
[52] Henning, D., 2009

Sie suchen eigenständig nach Informationen und ihr Interesse kann dabei über das Social Media-Umfeld verstärkt werden. Durch Personalisierung kann eine individuelle Ansprache erreicht werden, in der die Wünsche und Bedürfnisse der Kunden von Unternehmen beachtet werden. Der Dialog ersetzt den Monolog und statt des Angebots steht die Nachfrage im Mittelpunkt. Die Kommunikation innerhalb sozialer Medien basiert auf der Gleichberechtigung sämtlicher Beteiligter und stützt sich auf Offenheit, Transparenz und Ehrlichkeit.

Weiterhin ermöglicht Social Media den Unternehmen, sich verschiedener Kommunikationsformen zu bedienen: Sowohl Individualkommunikation, die Kommunikation mit einer begrenzten Zielgruppe als auch eine Massenkommunikation sind möglich.[53] Jahrelang ging das Marketing davon aus, dass Kunden zu Beginn ihres Kaufprozesses viele Marken im Kopf haben und anschließend systematisch Produkte aussortieren, bis sie letztendlich eine Kaufentscheidung treffen (Trichtermodell).[54]

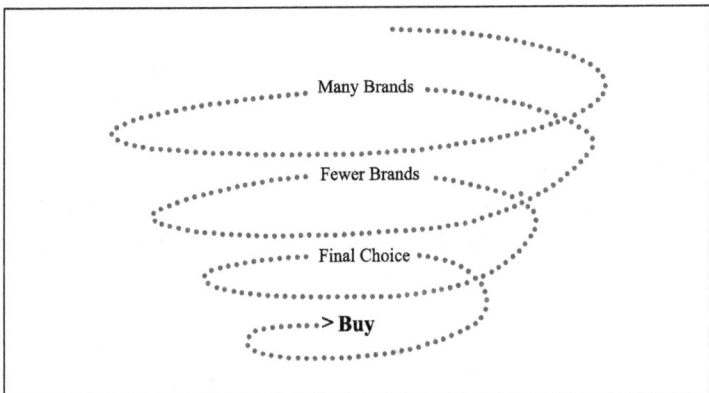

Many Brands

Fewer Brands

Final Choice

> Buy

Abbildung 2: Trichtermodell[55]

[53] Vgl. Chaffey, D./Ellis-Chadwick, F./Mayer, R./Johnston K., 2009, Seite 36
[54] Vgl. Sem, J., 2011
[55] Vgl. Sem, J., 2011

Heutzutage gilt die Annahme, dass es sich bei einem Kaufprozess um eine sogenannte „Consumer Decision Journey" handelt, der Verbraucher sich also auf eine Entscheidungsreise begibt.

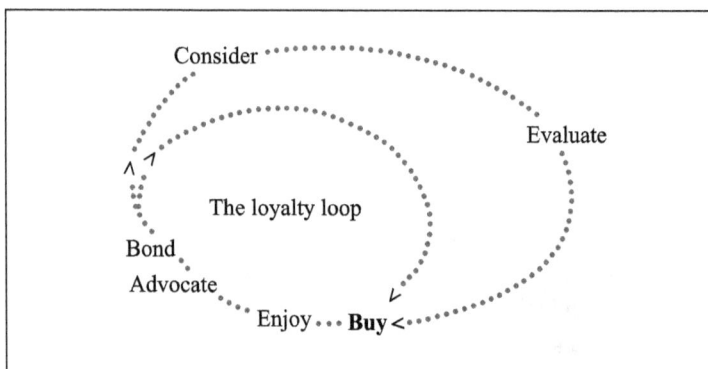

Abbildung 3: Consumer Decision Journey[56]

In der initiierenden Evaluationsphase zieht der Verbraucher erstmalig in Erwägung, ein Produkt zu kaufen. Dieses wurde bewusst oder unbewusst bei Freunden und Bekannten, in den Medien oder im Einzelhandel wahrgenommen. In der darauffolgenden Phase der Evaluierung treten die sozialen Medien zum ersten Mal in Erscheinung. Im Gegensatz zum Trichtermodell können in dieser Phase nicht nur Alternativen entfallen, sondern auch hinzukommen. Die Kunden orientieren sich an den Erfahrungen und Empfehlungen anderer, die in den sozialen Medien zu finden sind. Die eigentliche Verbindung mit dem Produkt bzw. der Marke beginnt nach dem Kauf, nach dem der Kunde dazu übergeht, mit dem Produkt und den „Online-Touchpoints" (zum Beispiel Vergleichsportale, Facebook-Fanpages, Umfragen, usw.) zu interagieren. Durch die Bereitstellung solcher Touchpoints kann sichergestellt werden, dass das Feedback der Konsumenten wahrgenommen und gegebenenfalls in die Tat umgesetzt wird. Wenn

[56] Vgl. Sem, J., 2011

der Kunde zufrieden ist, kann ein Loyalitätszyklus entstehen. Loyale Markenfans stehen für ihre Favoriten online wie offline ein und beeinflussen andere Kunden in ihren Kaufentscheidungen.[57] Allerdings stellen die sozialen Medien Unternehmen vor das Problem eines zunehmenden Kontrollverlustes innerhalb der Kommunikation. Als Orte der freien Meinungsäußerung ist es in Social Media möglich, dass jeder User seine Meinung zu jedem beliebigen Thema einem großen Publikum kundtut, das heißt Unternehmen unterliegen den Meinungen der breiten Masse. Durch Viral- oder Netzwerkeffekte können solche Botschaften zusätzlich beschleunigt werden und den Ruf eines Unternehmens positiv oder negativ beeinflussen.

Nutzung sozialer Medien

„Beschäftigt man sich mit der Rolle des Internets der zweiten Generation und den Veränderungen gegenüber den Anfängen, ist augenscheinlich, dass sich viele Verhaltensweisen der Nutzer von heute schon damals dargestellt haben. So wurde das Internet schon immer für die Informationssuche entweder als Grundlage für Entscheidungen oder zur Unterhaltung genutzt.“[58] Die aktive Teilnahme von Nutzern stellt die Grundvoraussetzung für den Erfolg von Social Media dar. Der Aktivitätsgrad der Partizipation kann jedoch stark variieren. Das Lesen eines Blogs und das Betrachten von Videos andere Nutzer erfordert ein relativ geringes Engagement. Das Verfassen eines Blogbeitrags und die Produktion eines Videos hingegen ist um einiges aufwändiger. Die Klassifikation der Social-Technographics-Profiles von Forrester Research unterteilt Menschen nach der Art ihrer Beteiligung auf Social Media-Plattformen in Schöpfer, Kritiker, Sammler, Mitmacher, Zuschauer und Passive.[59]

---

[57] Vgl. Grabs, A./Bannour, K.-P., 2011, Seite 30
[58] Hettler, U., 2010, Seite 20
[59] Vgl. Li, C./Bernhoff, J., 2009, Seite 53

- Die **Schöpfer** sind fasziniert vom technischen Fortschritt und den Möglichkeiten des Internets. Sie betreiben einen Blog oder eine Website, auf die sie eigene Videos, Audio- oder Musikinhalte hochladen und eigene Artikel und Geschichten veröffentlichen. Sie sind die kleinste, aber sehr aktive Gruppe.[60]

Schöpfer	- Veröffentlichen Blogs und eigene Website - Laden selbst erzeugte Videos, Audio-Dateien oder Musik hoch - Verfassen Artikel und veröffentlichen sie online
Kritiker	- Verfassen Bewertungen zu Produkten und Services - Kommentieren Blog-Posts anderer - Liefern Beiträge auf Online-Foren oder Wikis
Sammler	- Abonnieren RSS-Feeds - Fügen Tags zu Fotos und Websiten hinzu - „Voten" für Websites
Mitmacher	- Besitzen Profile auf sozialen Netzwerken
Zuschauer	- Zeigen kein direktes Engagement - Lesen Blogs, Online Foren und Bewertungen und Kritiken - Sehen sich Videos und hören sich Podcasts an
Passive	- Keine Beteiligung an Aktivitäten innerhalb sozialer Medien

Tabelle 1: Nutzertypen des Social-Technographics-Profiles[61]

- Die **Kritiker** erstellen und veröffentlichen reaktiv und partizipativ Inhalte.[62] Sie interessieren sich für Fakten, Substanz und Inhalt. Sie veröffentlichen Bewertungen und Erfahrungsbe-

[60] Vgl. Frank, E., 2014, Seite 97
[61] Vgl. Li, C./Bernhoff, J., 2009, Seite 51
[62] Vgl. Frank, E., 2014, Seite 97

richte zu Produkten und Services. Sie kommentieren Blogs und beteiligen sich an Online-Foren und Wikis.[63]

- **Sammler** nutzen die RSS-Feeds, abonnieren Newsletter, fügen Fotos oder Tags auf Webseiten hinzu und nehmen an Online-Abstimmungen teil.[64]

- **Mitmacher** besitzen und pflegen ein Profil in einem Social Network. Sie tauschen sich mit ihren Freunden aus und posten Neuigkeiten. Sie teilen Interessantes innerhalb ihres Netzwerkes.[65]

- Der **Zuschauer** liest Blogs, Onlineforen und Kundenbewertungen/-berichte. Er schaut Videos anderer Nutzer und hört Podcasts, erstellt allerdings selbst keine Beiträge.

- Die **Passiven** nehmen nicht am Social Web teil. In der Realität ist eine eindeutige Einteilung der Nutzer in die einzelnen Gruppen jedoch häufig nur bedingt möglich, da viele Internetnutzer Merkmale mehrerer Gruppen aufweisen.

Der große Vorteil dieser Klassifikation ist, dass wir dadurch verstehen können, wie soziale Technologien von einer bestimmten Menschengruppe aufgenommen werden. Sie sind die Grundlage, um eine geeignete Social Media-Strategie in Bezug auf die eigenen Bezugsgruppen zu entwikeln.

Die Sozialen Netzwerke bilden für viele Menschen einen Weg, soziale Bedürfnisse zu befriedigen. Es werden Kontakte geschlossen und Freundschaften aufrechterhalten.[66] Sie haben die Möglichkeit, Meinungen zu Unternehmen und Marken, mit denen sie sich identifizieren, mitzuteilen. Durch diese Möglichkeit fühlen sie sich in eine Machtposition gegenüber dem Unternehmen versetzt und haben das Gefühl, Einfluss ausüben zu können. Wird

---

[63] Vgl. Li, C./Bernhoff, J., 2009, Seite 52
[64] Vgl. Frank, E., 2014, Seite 98
[65] Vgl. Frank, E., 2014, Seite 98
[66] Vgl. Li, C./Bernhoff, J., 2009, Seite 68

126

der eigene Inhalt von anderen Nutzern zitiert, verlinkt, kommentiert oder geteilt, so befriedigt das den Wunsch nach Anerkennung.[67] Marken signalisieren die Zugehörigkeit zu einer bestimmten Gruppe von Menschen. Sie sind ein persönliches Ausdrucksmittel und bringen den Nutzer mit bestimmten Eigenschaften in Verbindung.[68] Durch die Interaktion mit den Marken über die sozialen Medien kann die Bindung verstärkt in der Onlinewelt ausgelebt werden.

[67] Vgl. Kreutzer, R./Merkle, W., 2008, Seite 153
[68] Vgl. Rösger, J./Herrmann, A./Heitmann, M., 2007, Seite 102

3. Risiken des Social Media Marketings

Die Nutzung von Social Media Marketing kann zum langfristigen Unternehmenserfolg beitragen, sie ist allerdings auch mit Risiken verbunden.

Kontrollverlust

Viele Unternehmen verzichten noch auf eine Nutzung der sozialen Medien, weil sie Angst vor einem Kontrollverlust über ihre Kommunikation und ihre Leistungen haben. Es muss ehrlicherweise zugestanden werden, dass die Unternehmen diese Kontrolle durch die vielfältigen Möglichkeiten des Web 2.0 schon lange verloren haben.[69] Die Botschaften der Sender sowie die Reaktionen der Empfänger auf die publizierten Botschaften sind nicht oder nur eingeschränkt kontrollierbar.[70] Die Reaktionen der Menschen im Social Web können somit weder zielgerichtet kontrolliert noch zuverlässig vorausgesagt werden. Um virale Effekte auszulösen und zu nutzen, muss die Kontrolle abgegeben werden. Dadurch entsteht jedoch eine gewisse Unberechenbarkeit, da hier die grundlegenden Eigenschaften und Kräfte von Social Media – die Beziehung und der Austausch zwischen Menschen – wirken. Der Kontrollverlust ist für Unternehmen neu und ungewohnt, da das Medium Social Media sich von den davor genutzten kontrollierbaren Werbekanälen absetzt.[71] Wichtig ist auch die folgende Erkenntnis: Ein Shitstorm kann nicht dadurch vermieden werden, dass man in den sozialen Medien nicht präsent ist. Durch eine Präsenz dort erleichtert man gegebenenfalls den Start eines Shitstorms. Allerdings hat man als Unternehmen dann auch gleich einen eingeübten Kanal, um sich den Angriffen zu stellen.[72]

---

[69] Vgl. Kreutzer, R., 2014, Seite 27
[70] Vgl. Bruhn, M., 2014, Seite 1041
[71] Vgl. Neumann, K., 2010, Seite 28f.
[72] Vgl. Kreutzer, R., 2014, Seite 28

Kritik

Ein Unternehmen macht sich verwundbar, da es sich mit dem Schritt ins Social Web seinen Kunden gegenüber öffnet und somit zum Dialog auffordert. Dies ist jedoch beabsichtigt, damit die Marke zum Gesprächsthema wird. Hierdurch können allerdings nicht nur Lob und positive Äußerungen hervorgerufen werden. Die Verantwortlichen sollten sich dessen vorher bewusst sein und einen Plan zur angemessen Reaktion auf Kritik entwickeln. Chancen ergeben sich aus positiver sowie negativer Kritik für das Unternehmen. Ein Unternehmen wird durch Lob motiviert und bestärkt, den bereits eingeschlagenen Weg fortzusetzen. Negative Kritik sollte als Ratschlag dankbar angenommen werden, da ehrliche Meinungsäußerungen einen Anlass zur Verbesserung und Neuerung geben.[73] Irgendwann kommt jedes Unternehmen in die Situation, dass User kritisch über das Unternehmen, seine Produkte oder Dienstleistungen schreiben. In diesem Fall kommt es auf den zeitlich, stilistisch und inhaltlich richtigen Umgang mit der Kritik an. Negatives Feedback im Social Web kann man grob in die folgenden Kategorien einordnen:[74]

- *Normales Problem:* Jemand hat ein Problem mit einem Produkt oder Service und er braucht schnell Hilfe. Feedback dieser Art ist negativ, weil es das Unternehmen in ein schlechtes Licht rückt, aber es kann bei der Aufdeckung tatsächlicher Probleme helfen.
- *Konstruktive Kritik:* enthält einen Vorschlag. Der Kunde äußert Verbesserungsvorschläge für Produkte oder Services.
- *Berechtigter Angriff:* Ein Kunde greift das Unternehmen an, da es etwas falsch gemacht hat. Oftmals sind mangelnde Hilfestellung, schlechter Service oder keine verbindliche Antwort auf Probleme und Fragen der Auslöser für emotionale Reaktionen.

---

[73] Vgl. Neumann, K., 2010, Seite 28f.
[74] Vgl. Wolber, H., 2012, Seite 191

Generell muss bei negativem Feedback entschieden werden, welche Reaktion erforderlich ist. Die Reaktion auf Kritik, auch auf ungerechtfertigte, muss positiv und konstruktiv sein, um keinen öffentlichen Streit zu führen. Ob die entsprechende Antwort eine persönliche oder eine öffentliche Nachricht ist, hängt davon ab, wie verbreitet das Problem ist und wie viele Kunden bereits davon berichtet haben. Unabhängig davon sollten nach festem Schema Korrekturmaßnahmen eingeleitet werden, worüber die Kunden informiert werden.[75] Für eine Akzeptanz in den sozialen Medien ist es wichtig, als Kommunikator eine hohe Glaubwürdigkeit zu erreichen. Deshalb sollten Mitarbeiter, die im Unternehmensnamen agieren, durch die Angabe ihres eigenen Namens, ihrer Funktion und ihres Unternehmens die Herkunft deutlich machen.[76]

Eigentum und Copyright

In den Sozialen Medien, in denen die Benutzer massenhaft Texte und multimedialen Inhalt hochladen, besteht die Gefahr, dass darunter auch urheberrechtlich Geschütztes ist.[77] Während Texte nur geschützt sind, wenn sie eine hinreichend kreative Gestaltung darstellen, sind Fotos, aber auch Audio- und Videoinhalte regelmäßig vom Urheberrecht geschützt.[78] Das Erstellen von Texten, Bildern, multimedialen Inhalten oder Software ist ein aufwändiger Prozess und stellt eine geistige Leistung dar, die im Allgemeinen als schützenswert erachtet wird. In der digitalen Welt ist es einfach wie noch nie, Inhalte verlustfrei zu kopieren, weiterzugeben oder für eigene Werke zu verwenden. Dies beflügelt zum einen die Kreativität, führt aber zum anderen zu einer gewissen Mitnahmekultur, in der davon ausgegangen wird, dass alles, was in digitaler Form vorliegt, auch umsonst zu haben ist. Daraus

---

[75] Vgl. Wolber, H., 2012, Seite 192
[76] Vgl. Kreutzer, R., 2014, Seite 24
[77] Vgl. Ebersbach, A./Glaser, M./Heigl, R., 2011, Seite 250
[78] Vgl. Ulbricht, C., 2014, Seite 765

ergibt sich ein Spannungsverhältnis um das geistige Eigentum. Dieses besteht an Werken, die das Resultat geistiger Arbeit sind.[79] Dies führt dazu, dass diese Werke auch in den Sozialen Medien nur mit entsprechender Zustimmung des Urhebers oder Rechteinhabers zur spezifischen Verwendung veröffentlicht werden dürfen. Im Rahmen der eigenen Veröffentlichung von Inhalten sollten Unternehmen also stets gewährleisten, dass für den jeweiligen Inhalt auch die nötigen Nutzungsrechte vorliegen.[80]

---

[79] Vgl. Ebersbach, A./Glaser, M./Heigl, R., 2011, Seite 247
[80] Vgl. Ulbricht, C., 2014, Seite 765

Literaturverzeichnis

Adomeit, S., 2008, Kundenbindung im Web 2.0 – Chancen im Business-to-Consumer Bereich, Diplomica Verlag, Hamburg

Baekdal, T., 2009, How the Social Web Destroys Traditional Marketing, http://www.baekdal.com/analysis/traditional-marketing-social-web

Bruhn, M., 2014, Unternehmens- und Marketingkommunikation - Handbuch für ein integriertes Kommunikationsmanagement, 3. Auflage, München

de Buhr, Th./Tweraser, S., 2010, My Time is Prime Time, In: Beißwenger, A. (Hrsg.), YouTube und seine Kinder. Wie Online-Video, Web TV und Social Media die Kom-munikation von Marken, Medien und Menschen revolutionieren, Baden-Baden, Seiten 69-91

Chaffey, D./Ellis-Chadwick, F./Mayer, R./Johnston K., 2009, Internet Marketing - Strategy, Implementation and Practice, 4. Auflage, Edinburgh: Prentice Hall International

Ceyp, M./Scupin, J.-P., 2011, Social Media Marketing – ein neues Marke-ting-Paradigma?, in: Deutscher Dialogmarketing Verband e.V. (Hrsg.), Dialogmarketing Perspektiven 2010/2011, Wiesbaden

Ebersbach, A./Glaser, M./Heigl, R., 2011, Social Web, 2. Auflage, Konstanz

Evans, D., 2008, Social Media Marketing, Indianapolis

Frank, E., 2014, Kopfüber strategielos in Social Media, in: Rogge, C./Karabasz, R. (Hrsg.), Social Media in Unternehmen – Ruhm oder Ruin, Wiesbaden

Grabs, A./Bannour, K.-P., 2011, Follow Me! Erfolgreiches Social Media Marketing mit Facebook, Twitter, XING, YouTube und Co., Bonn

Henning, D., 2009, Die sieben Todsünden im Social Media Marketing, http://www.internetworld.de/technik/praxistipps/sieben-todsuenden-im-social-media-marketing-304500.html

Hettler, U., 2010, Social Media Marketing – Marketing mit Blogs, Sozialen Netzwerken und weiteren Anwendungen des Web 2.0, München

Holzapfel, F./Holzapfel K., 2011, Facebook – Marketing unter Freunden, Dialog statt plumpe Werbung, 3. Auflage, Göttingen

Kaplan, M./Haenlein, M., 2010, Users of the World, unite! The challenges and oppor-tunities of Social Media, in: Business Horizons, 53, Seite 59-68

Kollmann, T./Häsel, M., 2007, Web 2.0 Trends und Technologien im Kontext der Net Economy, Wiesbaden

Kreutzer, R./Merkle, W., 2008, Web 2.0 – Welche Potenziale gilt es zu heben?, in: Kreutzer, R./Merkle, W., 2008, Die neue Macht des Marketing, Seiten 149-183

Kreutzer, R., 2010, Praxisorientiertes Marketing: Grundlagen - Instrumente - Fallbei-spiele, 3., vollständig überarbeitete und erweiterte Auflage, Wiesbaden

Kreutzer, R./Rumler, A./Wille-Baumkauff, B., 2015, B2B-Online-Marketing und Social Media - Ein Praxisleitfaden, Wiesbaden

Lammenett, E., 2012, Praxiswissen Online-Marketing - Affiliate- und E-Mail-Marketing, Suchmaschinenmarketing, Online-Werbung, Social Media, Online-PR, 3. Auflage, Wiesbaden

Langkamp, K./Köplin, Th., 2014, Social Media in Unternehmen - Man muss es wol-len, in: Rogge, Chr., Karabasz, R., Social Media im Unternehmen - Ruhm oder Ruin. Erfahrungskarte einer Expedition in die Social Media Welt, Wiesbaden

Li, C./Bernoff, J., 2009, Facebook, YouTube, Xing & Co. – Gewinnen mit Social Technologies, München

Mack, D./Vilberger, D., 2016, Social Media für KMU - Der Leitfaden mit allen Grundlagen, Strategien und Instrumenten, 1. Aufl., Wiesbaden

Michelis, D., 2009, User-Generated-Content - Entwicklung einer Typologie der Nut-zeraktivität, http://www.digitale-unternehmung.de/2009/12/user-generated-content-entwicklung-einer-typologie-der-nutzeraktivitat/#more-295

Neumann, K., 2010, Social Media als Marketing – Instrument für Unternehmen, Han-nover

O'Reilly, T., 2005, What is Web 2.0, http://oreilly.com/web2/archive/what-is-web-20.html

Rösger, J./Herrmann, A./Heitmann, M., 2007, Der Markenareal-Ansatz zur Steuerung von Brand Communities, in: Bauer, H.H./ Große-Leege, D./Rösger, J. (Hrsg.), Interacti-ve Marketing im Web, 2.0, München, Seiten 93-112

Rothe, F., 2006, Zwischenmenschliche Kommunikation - Eine interdisziplinäre Grundlegung, Wiesbaden
Ruisinger, D., 2007, Online Relations – Leitfaden für moderne PR im Netz, Stuttgart

Safko, L., 2010, The Social Media Bible - Tactics, Tools & Strategies for Business Success, New Jersey

Schiele, G./Hähner, J./Becker, C., 2007, Web 2.0 Technologien und Trends, in: Bau-er, H.H./Große-Leege, D./Rösger, J. (Hrsg.), Interactive Marketing im Web, 2.0, München, Seiten 3-14

Scott, D.M., 2012, Die neuen Marketing- und PR-Regeln im Social Web – Wie Sie Social Media, Online Video, Mobile Marketing, Blogs, Pressemitteilungen und virales Marketing nutzen, um Ihre Kunden zu erreichen, 3. Auflage, Hemsbach

Sem, J., 2011, Consumer Decision Journey in the Digital Age, http://www.jbsem.com/consumer-decision-journey-in-the-digital-age#axzz1US9UonMN

Trump, T./Klingler, W./Gerhards, M., 2007, „Web 2.0" Begriffs-definition und eine Analyse der Auswirkungen auf das allgemeine Mediennutzungsverhalten, http://www.tsebe.de/cms/upload/pdf/WebZweiNullStudieResult_ SWR_Februar_2007.pdf

Ulbricht, C., 2014, Social Media & Recht – Praktische Handlungsempfehlungen für Unternehmen bei Twitter, Facebook & Co, in: Holland, H. (Hrsg.), Digitales Dialog-marketing, Wiesbaden

Urchs, O., 2007, 13 Jahre Web-Marketing, in: Schwarz, T., Leitfaden Online Marke-ting, Waghäusel, Seiten 9-23

Walsh, G./Kilian, Th./Hass, B.H., 2011, Web 2.0 - Neue Perspektiven für Marketing und Medien, Berlin Heidelberg
Weinberg, T., 2010, Social Media Marketing - Strategien für Twitter, Facebook & Co

Wiedemann, H./Noack, L., 2015, Mediengeschichte Onlinemedien, in: Altendorfer, O./ Hilmer, L., Medienmanagement - Band 2: Medienpraxis – Mediengeschichte – Me-dienordnung, Wiesbaden

Wolber, H., 2012, Die 11 Irrtümer über Social Media - Was Sie über Marketing und Reputationsmanagement in sozialen Netzwerken wissen sollten, Wiesbaden

Marcus Diedrich / Michal Greguš
**Einflüsse von Social Media auf die Unternehmenskommuni-
kation**

Inhaltsverzeichnis

Abbildungs- und Tabellenverzeichnis

Aufsatz im Rahmen eines PhD-Studiengangs in Management an der Comenius University in Bratislava, Faculty of Management.

Einflüsse von Social Media auf die Unternehmenskommunikation

Zielsetzung absatzpolitischer Prozesse ist neben der Entwicklung marktfähiger Produkte, einer attraktiven Preispolitik sowie der Erstellung eines leistungsfähigen Distributionssystems vor allem die Ausrichtung einer erfolgsorientierten Unternehmenskommunikation. Vor dem Hintergrund einer steigenden Wettbewerbsintensität wird es für Unternehmen zusehends wichtiger, über eine erfolgreiche Kommunikationsarbeit Wettbewerbsvorteile im Markt zu realisieren und dauerhaft zu halten.[1] Kommunikation bedeutet die Übermittlung von Informationen und Bedeutungsinhalten zum Zweck der Steuerung von Meinungen, Einstellungen, Erwartungen und Verhaltensweisen bestimmter Adressaten gemäß spezifischer Zielsetzungen.[2] Unter die Kommunikationspolitik fallen demnach alle Entscheidungen, die auf die Gestaltung der Kommunikation gerichtet sind. Die Kommunikationspolitik beschäftigt sich mit der Gesamtheit der Kommunikationsinstrumente und -maßnahmen eines Unternehmens, die eingesetzt werden, um das Unternehmen und seine Leistungen der Zielgruppe des Unternehmens darzustellen.[3] Die Kommunikationspolitik umfasst dabei Maßnahmen der marktgerichteten, externen Kommunikation und der innerbetrieblichen, internen Kommunikation. Unter dem Begriff Unternehmenskommunikation fasst man die Gesamtheit sämtlicher Kommunikationsinstrumente und -maßnahmen eines Unternehmens zusammen, die eingesetzt werden, um das Unternehmen, Produkte und seine Leistungen den relevanten internen und externen Zielgruppen der Kommunikation darzustellen.[4]

---

[1] Vgl. Bruhn, M., 2014, Seite 3
[2] Vgl. Meffert, H./Burmann, C./Kirchgeorg, M., 2012, Seite 632
[3] Vgl. Bruhn, M., 2014b, Seite 199
[4] Vgl. Bruhn, M., 2014, Seite 6

Wenn Kommunikation von und in Unternehmen thematisiert wird, dann findet dies zwangsläufig in einem durch Unternehmenskultur geprägten Umfeld statt.[5] Um zu klären, welche Einflüsse die Social Media auf die Unternehmenskultur haben, gilt es den Begriff der Unternehmenskultur zu definieren.

1 Unternehmenskultur

„Web 2.0, Enterprise 2.0, Knowledge Management, Social Collaboration, Digital Workplace, User Generated Content – die Liste der Buzzwords ließe sich mühelos fortsetzen. Allen gemein ist, sie haben etwas mit den Veränderungen, dem Kulturwandel zu tun, den viele Unternehmen heute erfahren und im besten Fall selber gestalten."[6] Um diesen Kulturwandel zu verstehen, gilt es den Begriff Unternehmenskultur zu definieren. Aus der Sicht eines Unternehmens erfüllt die Unternehmenskultur unterschiedliche Funktionen, um das Verhalten der Organisationsmitglieder im Sinne des Unternehmens zu steuern.

1.1 Einführende Erläuterungen zum Thema Unternehmenskultur

Der Kulturbegriff ist der Anthropologie entnommen und bezeichnet dort die besonderen, historisch gewachsenen und zu einer komplexen Gestalt entwickelten Merkmale von Volksgruppen. In erster Linie sind damit Wert- und Denkmuster inklusive der Symbolsysteme durch welche sie vermittelt werden, gemeint. Die Organisationskulturforschung nimmt diesen Kulturbegriff auf und überträgt ihn auf Organisationen und damit auch auf Unternehmen. Es wird von dem Grundgedanken ausgegangen, dass jedes

---

[5] Vgl. Stein, V., 2009, Seite 1219
[6] Langkamp, K./Köplin, Th., 2014, Seite 67

Unternehmen für sich eine spezielle Kultur entwickelt und somit eine eigenständige Kulturgemeinschaft mit eigenen unverwechselbaren Vorstellungs- und Orientierungsmustern darstellt. Jedes Unternehmen besitzt einen individuellen Entwicklungsverlauf. Die Unternehmenskultur wird als „die Grundgesamtheit gemeinsamer Wert- und Normvorstellungen, geteilter Denk- und Verhaltensmuster, die Entscheidungen, Handlungen und Aktivitäten der Organisationsmitglieder prägen"[7] dargestellt. Sie ist „die Gesamtheit aller Normen, Wertvorstellungen und Denkhaltungen, die das Verhalten der Mitarbeiter aller Stufen und somit das Erscheinungsbild eines Unternehmens prägen."[8] Sie ist die Voraussetzung für eine Corporate Identity. Unternehmenskultur ist das implizite Bewusstsein eines Unternehmens, das sich aus dem Verhalten der Organisationsmitglieder ergibt und umgekehrt als kollektive Programmierung ihr Verhalten steuert. Unternehmenskulturen haben vielfältige Wirkungen auf eine Organisation. Starke Kulturen können die Umsetzung von Strategien sowie Konzepten fördern und tragen zu einer stabilen wirtschaftlichen Unternehmensentwicklung bei. Unternehmen mit starken Unternehmenskulturen fehlt es häufig an Offenheit gegenüber Veränderungen und einem kritischen Selbstbild. Das ist jedoch Voraussetzung, um sich in den ändernden Wettbewerbsbedingungen zu behaupten. „Die Unternehmenskultur sollte eine der spezifischen Umweltdynamik angemessene Balance zwischen Bewahrungs- und Veränderungselementen aufweisen."[9] Eine Unternehmenskultur muss wachsen, sich bewähren und entwickeln. So kann sie die Umsetzung von Strategien und Konzepten fördern und zu einer stabilen wirtschaftlichen Unternehmensentwicklung beitragen. Alle Unternehmenskulturen haben gemeinsame Kernelemente, obwohl sie Unikate sind:

---

[7] Heinen, H./Dill, P., 1990, Seite 17
[8] Pümpin, C./Kobi, J./Wütherich, H., 1985, Seite 8
[9] Simon, H., 1990, Seite 9

- **Implizites Phänomen.** Unternehmenskultur ist in einer Unternehmung nicht direkt zu beobachten, da sie physisch nicht existiert. Die Kultur kann als gemeinsam gelebte und repräsentierte Überzeugung indirekt abgeleitet werden. Es findet eine informelle und eine inoffizielle Vermittlung statt, obwohl meist ein hoher Verbreitungsgrad von Unternehmensgrundsätzen oder Leitbildern vorhanden ist.[10]

- **Unternehmenskultur wird gelebt und erlernt.** Die Unternehmenskultur gibt ein Orientierungsmuster vor, die als selbstverständliche Annahme das tägliche Handeln tiefgreifend prägt. Die kulturelle Tradition wird an sich nicht bewusst erlernt, sondern in einem Sozialisierungsprozess durch eine Reihe von Mechanismen den neuen Organisationsmitgliedern vermittelt. Dieser im Unterbewusstsein ablaufende Lernprozess kann eine gewisse Zeit dauern.

- **Gemeinschaftlicher Zusammenhang.** Unternehmenskultur kann als ein kollektives Phänomen gesehen werden, weil sie das Handeln jedes einzelnen beeinflusst. Das organisatorische Handeln wird homogener, da sich der einzelne auf gemeinsame Orientierungen bzw. Werte bezieht. Jede Aktivität in einer Organisation wird durch ihre Kultur gefärbt und beeinflusst. So manifestiert sich Unternehmenskultur in Bereichen wie Kommunikation, zwischenmenschlichen Beziehungen, Entscheidungsfindung oder auch Informationsweitergabe.[11]

- **Ergebnis eines Lernprozesses (Erfahrungen).** Aufgrund der Erfahrungen mit der Umwelt und der inneren Koordination kann die Unternehmenskultur innerhalb dieses Lernprozesses entstehen. Durch Erfahrungen entwickelt die Unternehmung ein Selbstverständnis zu bestimmten Problemen. Man hat ein Bild von der Sache und kann aufgrund der Erfahrungen ein-

---

[10] Vgl. Macharzina,K., 1995, Seite 207
[11] Vgl. Lindinger, C./Zeisel, N., 2013, Seite 122

schätzen, ob eine Sache gut oder schlecht ist. Es entsteht durch die Klassifizierung von Problemen ein Orientierungsmuster auf das man sich berufen kann. Es ist anzunehmen, dass jede Unternehmenskultur eine auf eigene Erfahrung aufbauende Entwicklungsgeschichte hat. Die Anfänge einer Kultur sind vielfach von großartigen Persönlichkeiten unbewusst geprägt worden, das heißt, dass sie meist durch ihre spezifischen Handlungen die zukünftige Wahrnehmungs- und Handlungsmuster der Unternehmensmitglieder stark beeinflusst haben.[12]

Die Unternehmenskultur prägt das Verhalten der Mitglieder nach innen und außen in nachhaltiger Weise und zeigt somit konkrete Auswirkungen auf Handlungen einzelner Mitglieder, sowie in weiterer Konsequenz des ganzen Unternehmens.

1.2 Merkmale starker und schwacher Unternehmenskulturen

Nicht jede Kultur ist in der Lage, die treibende Kraft in der Unternehmung zu sein, da sie unterschiedlich ausgeprägt sind. Es ist die Rede von schwachen bzw. starken Kulturen. Als stark bezeichnet man nach Steinmann und Schreyögg Kulturen, die unterschiedliche Dimensionen erfüllen. Der wesentliche Unterschied zwischen einer schwachen und einer starken Kultur kann anhand der Merkmale Prägnanz, Verbreitungsgrad und der Verankerungstiefe der Werte und Normen ausgemacht werden:[13]

- **Prägnanz.** Bei einer starken Kultur sind die Werte und Normen deutlich und klar ausgeprägt, so dass sich der Einzelne darauf verlassen und somit seine Handlungen darauf ausrichten

---

[12] Vgl. Macharzina, K., 1995, Seite 205
[13] Vgl. Macharzina,K., 1995, Seite 208

kann. Die kulturellen Orientierungsmuster müssen bei starken Kulturen umfassend sein, damit diese eine allgemeine Gültigkeit bei Entscheidungsfindungen haben. Man spricht gerne von ungeschriebenen Gesetzen, die mindestens so bindend sind wie die offiziellen Regeln.[14]

- **Verbreitungsgrad.** Dieser Aspekt beschreibt, in welchem Ausmaß die Werte und Normen der Kultur von der Belegschaft akzeptiert werden. In Extremsituationen beobachtet man bei starken Kulturen, dass die Belegschaft an den Werten und Normen festhält und sich danach richtet. Bei schwachen Kulturen orientiert sich jeder an unterschiedlichen Normen und Vorstellungen, denn wegen der fehlenden Identifikation zur Unternehmenskultur ist keine Loyalität vorhanden. Somit ist Kontinuität und Beständigkeit ein Maß der kulturellen Stärke.

- **Verankerungstiefe.** Dieser Begriff beschreibt, ob die Werte und Normen einer Kultur nur vordergründig übernommen werden, oder ob sie tief in der Belegschaft verwurzelt sind; das heißt, inwiefern die Kultur zum selbstverständlichen Bestandteil des täglichen Handelns geworden ist.

---

[14] Vgl. Lindinger, C./Zeisel, N., 2013, Seite 122

Faktor	Starke Kultur	Schwache Kultur
Prägnanz	eindeutige Anleitung zum Handeln, klare Trennung zwischen erwünscht und unerwünscht	differenzierte Verhaltensregeln, variable Orientierungsmuster
Verbreitungsgrad	sehr viele Mitarbeiter, idealerweise alle	wenige Mitarbeiter
Verankerungstiefe	Werte werden bedenken- und gedankenlos verwendet	Werte werden entweder kalkuliert verwendet oder spielen bei der Entscheidungsfindung keine große Rolle

Tabelle 1: Merkmale starker und schwacher Unternehmenskulturen

1.3 Kulturwandel durch Social Media

Ein langfristiger Wettbewerbsvorteil ist über die Unternehmenskultur nur über eine Stimmigkeit zwischen Unternehmenskultur und Unternehmensstrategie zu realisieren. Je stärker die Unternehmenskultur in ihrer beabsichtigten Kulturausprägung ist, desto zielgerichteter wird die Kommunikation von und in Unternehmen.[15] Viele Firmen müssen neben ihren Strategien ihre Unternehmenskultur den veränderten Gegebenheiten anpassen, damit neue Prozesse und Anforderungen schnell umgesetzt werden können.[16] Die Unternehmenskultur repräsentiert die Grundwerte,

---

[15] Vgl. Stein, V., 2009, Seite 1224
[16] Vgl. Lindinger, C./Zeisel, N., 2013, Seite 137

die zum Unternehmenserfolg geführt haben. Sie ist das Ergebnis einer gemeinsamen erfolgreichen Vergangenheit. In der Praxis wird das Thema Unternehmenskultur in drei typischen Situationen zum Thema:[17]

- Erstens, wenn sich im Rahmen eines Change-Prozesses die Kultur verändert.

- Zweitens, infolge neuer strategischer Ausrichtung, wenn ein Unternehmen sich mittels einer starken Kultur von den Mitbewerbern abheben und profilieren will. In diesem Fall ist die Kulturveränderung nicht nur Mittel, sondern auch Zweck der Veränderung.

- Drittens stellt sich das Kulturthema grundsätzlich in der länder- und bereichsübergreifenden Zusammenarbeit in Unternehmen wie auch im Zusammenwirken zwischen Konzern und Tochtergesellschaften.

Social Media ist innerhalb einer Organisation aber weniger technisches als vielmehr kulturelles Thema. Oft gibt es Reibungspunkte zwischen den kulturellen Anforderungen von Social Media und der im Unternehmen vorhandenen Kultur. Eine Kompatibilität ist nicht automatisch gegeben: Noch immer sind in den Unternehmen oftmals proprietäres Wissen, strenge Hierarchien, Top-Down-Kommunikation und klassische Medienstrukturen vorherrschend und stehen Transparenz, Real Time, Dialogorientierung und Partizipation konträr gegenüber. Somit wird deutlich, dass Social Media nicht automatisch in die Unternehmenskultur eingreifen und diese verändern kann. Vielmehr müssen sich Kultur und Struktur eines Unternehmens wandeln und Offenheit, Transparenz und Vernetzung fördern. Die meisten Unternehmen tun sich aber genau damit schwer. Damit Social Media auf ein geeignetes Fundament trifft, muss sich die Führungskultur eines Unternehmens öffnen und dezentrale Selbststeuerung sowie Eigen-

---

[17] Vgl. Peer, K., 2007, Seite 85

verantwortung statt hierarchischer, zentraler Steuerung zulassen. Eine offene Unternehmenskultur ist der Schlüssel zu einer erfolgreichen Integration von Social Media in die Interne Kommunikation. Neben der aktivierenden Rolle der Führungskräfte ist die Einstellung der Mitarbeiter hinsichtlich der tatsächlichen Nutzung von enormer Bedeutung. Wenn sich hierarchisch geführte Unternehmen auf Social Media einlassen, müssen sie lernfähig sein und Kommunikationsflüsse in alle Richtungen zulassen. Die Führungskräfte leben diese Art der Kommunikation im Idealfall vor. Dem Thema Vertrauen kommt in einer offenen Unternehmenskultur eine besondere Bedeutung zu: Je offener die Kommunikation, desto größer ist das signalisierte Vertrauen in die Mitarbeiter. Eine Anpassung der Unternehmenskultur in Richtung Transparenz und Offenheit ist unumgänglich, soll Social Media erfolgreich in den Instrumentenmix der internen Kommunikation integriert und von den Mitarbeitern auch aktiv angewendet werden. Ein kultureller Wandel, ob in der Gesellschaft oder im Unternehmen, vollzieht sich jedoch nicht über Nacht. Die erfolgreiche Verzahnung von vorbildlichem Führungsverhalten auf der einen, sowie die Akzeptanz und Nutzung von Social Media-Tools durch die Mitarbeiter auf der anderen Seite, wirken sich positiv aus und können den Kulturwandel so beschleunigen. Gleichwohl hat sich dieser benötigte Wandel erst durch das Aufkommen neuer Kommunikationskanäle ergeben, da sich das enorme Potenzial von Social Media letztlich durch den aktiven Gebrauch im Privatleben entwickelt hat. Dennoch fällt die Komplexität einer Unternehmenskultur schwerwiegender ins Gewicht und muss in ihren Grundzügen adaptiert werden, um diese neue Form der Kommunikation zuzulassen.[18]

---

[18] Vgl. Dörfel, L./Ross, A., 2012

2 Grundlagen Unternehmenskommunikation und Kommunikationspolitik

Der Begriff „Kommunikation" beinhaltet den Hinweis auf Gemeinsamkeit. Kommunizieren geschieht interaktiv. Es geht um wechselseitigen Austausch von Gedanken in Sprache, Schrift oder Bild. *"Unter Kommunikation wird der zeichenhafte Austausch zwischen mindestens zwei Individuen mit dem Ziel der Verständigung oder gegenseitigen Beeinflussung verstanden, wobei dieser auch durch unterschiedliche Medien eingesetzt werden kann, und damit der Kommunikationsprozess zeitlich versetzt (asynchron) und mit unterschiedlicher Intensität der Beteiligung (asymmetrisch) verlaufen kann."[19]*
Eine wirkungsvolle Kommunikation setzt voraus, dass man den Partner sensibel wahrnimmt und gelten lässt. Sie ist in der Regel zweiseitig und interaktiv. Mitteilen und Verstehen müssen zusammentreffen. Die Kommunikationspartner müssen sich aufeinander beziehen und die Botschaften des anderen verarbeiten. Wenn die Beteiligten aneinander vorbeireden, findet keine wirkungsvolle Kommunikation statt.[20]
Alle am Kommunikationsprozess Beteiligten entscheiden also darüber, ob Kommunikation zustande kommt oder nicht. Ist einer der Beteiligten nicht bereit oder fähig, kann keine wirkungsvolle Kommunikation entstehen.[21] Kommunikation ist folglich ein vielschichtiger Prozess, in dem persönliche und soziale Faktoren einfließen. Die Botschaften, die eine Nachricht enthalten, sind komplex und nicht immer einfach zu durchschauen. Dies ist eine wesentliche Ursache dafür, dass Kommunikationsprozesse häufig

---

[19] Hettler, U., 2010, Seite 65
[20] Vgl. Herbst, D., 2003, Seite 37
[21] Vgl. Herbst, D., 2003, Seite 38

als schwierig und anstrengend erlebt werden, dass es zu Missver-
ständnissen kommt oder sogar die Kommunikation scheitert.
Erfolgt die Kommunikation im Kontext von unternehmerischen
Zielen, spricht man von Unternehmenskommunikation. Sie steht
für die Gesamtheit aller Kommunikationsinstrumente und
-maßnahmen einer Unternehmung, die eingesetzt werden, um
einen Informationsaustausch mit relevanten Bezugsgruppen im
Sinne eigener Zielstellungen zu erreichen. Mit Blick auf die Bezugsgruppen kann die Unternehmenskommunikation in die interne
und die externe Kommunikation unterteilt werden. Die Interne
Kommunikation richtet sich an die Mitarbeiter des Unternehmens,
während die externe Kommunikation auf Marktpartner, insbesondere Kunden (Marktkommunikation), auf die allgemeine Öffentlichkeit (Public Relations) und auf Unternehmensnetzwerke
und Clusterinitiativen (Netzwerkkommunikation) ausgerichtet
ist. [22] Unternehmenskommunikation bedient über verschiedene
Kanäle interne wie externe Bezugsgruppen, die durch ihr Verhalten einen Einfluss auf den Erfolg des Unternehmens haben.

2.1 Externe Kommunikation

Innerhalb der externen Kommunikation zielt die Marktkommunikation darauf ab, eigene Marken bei den potenziellen Kunden
bekannt zu machen und Präferenzen für das eigene Leistungs-
spektrum aufzubauen. Zentrale Instrumente der Marktkommunikation sind die Werbung, Verkaufsförderung und die Kommunikation im Rahmen des persönlichen Verkaufs. Neben der Werbung
hat vor allem das Instrument der Public Relations zum Ziel, das
Unternehmen in der allgemeinen Öffentlichkeit positiv darzustellen und als vertrauenswürdigen Partner zu positionieren. Die
Netzwerkkommunikation umschließt innerhalb der externen

---

[22] Vgl. Hettler, U., 2010, Seite 65

Kommunikation alle kommunikativen Handlungen von Organisationen bzw. deren Repräsentanten, mit denen dauerhafte Beziehungen in Unternehmensnetzwerken, Clusterinitiativen und virtuellen Unternehmen gestaltet werden. Sie sind notwendig, um solche Systeme mittlerer Spezifität ins Leben zu rufen, gemeinsame Strategien und Schnittstellen zu definieren, arbeitsteilige Handlungen zu koordinieren sowie gegenüber Kunden, Wettbewerbern und weiteren Bezugsgruppen aufzutreten.[23]

Die externe Kommunikation sorgt dafür, dass das Unternehmen bei wichtigen Bezugsgruppen bekannt wird und diese sich ein klares, deutliches Bild vom Unternehmen machen können. Ein positives Unternehmensimage soll dazu beitragen, bei den relevanten Bezugsgruppen Vorzugsstellungen aufzubauen, die wiederum maßgeblich zum Geschäftserfolg beitragen können. Ein positives Image ist so wichtig, da in vielen Fällen Produkte und Dienstleistungen konkurrierender Unternehmen heute auf einem gleichartig hohen Niveau sind, so dass die Entscheidung eines Kunden für ein Produkt oder auch eines Geschäftspartners zur Zusammenarbeit auf Grundlage des Markenimages erfolgt. Die Unternehmenskommunikation hat die Aufgabe, ein positives und zugleich auch authentisches Bild des Unternehmens zu vermitteln. Die besondere Herausforderung liegt dabei darin, dass dieses transportierte Bild auch wahrgenommen wird. In der global vernetzten Welt ist Aufmerksamkeit eine knappe Ressource und der potenzielle Adressat der Botschaft kann aus einer schier unendlichen Fülle von Informationsquellen wählen.[24]

Grundsätzlich unterstützt die Kommunikation zum einen die laufende Aufgabenerfüllung, indem beispielsweise Produkte mithilfe der Werbung bekannt gemacht werden. Zum anderen ermöglicht Kommunikation den Aufbau nachhaltiger Erfolgspo-

---

[23] Vgl. Hettler, U., 2010, Seite 66
[24] Vgl. Hettler, U., 2010, Seite 66

tenziale wie Bekanntheit, Glaubwürdigkeit, Reputation und weitere immaterielle Werte. Die immateriellen Werte schlagen sich regelmäßig in konkreten Vorteilen nieder, beispielsweise wenn für ein Produkt höhere Preise im Markt durchgesetzt werden.[25] Viele Menschen nutzen das Internet, um Informationen zu sammeln, die als Grundlage für künftige Entscheidungen dienen.[26] In der Markenkommunikation kann über verschiedene Kanäle Einfluss genommen werden. Um diese Wege der Kommunikation, insbesondere unter Einbeziehung der Social Media, zu verstehen, sollte das duale Konzept der vertikalen und lateralen Kräfte genauer betrachtet werden.

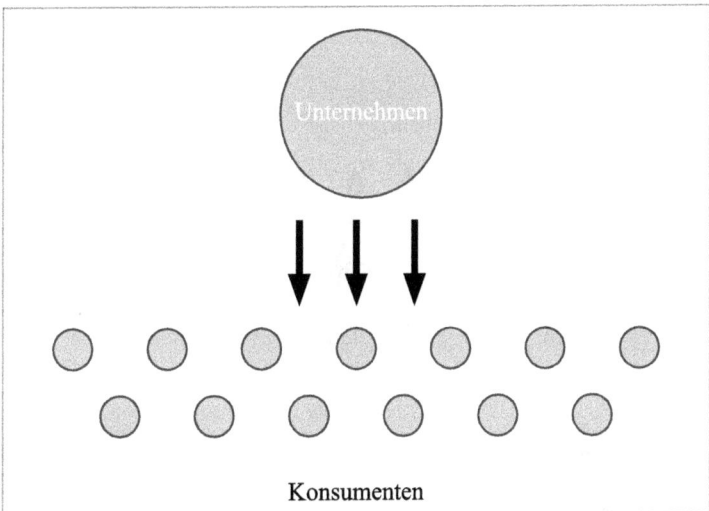

Abbildung 1: Vertikales Engagement, unidirektional[27]

Die Unternehmenskommunikation war anfangs grundsätzlich eindimensional. Das Unternehmen gestaltete eine Botschaft, bei-

---

[25] Vgl. Hettler, U., 2010, Seite 66
[26] Vgl. Bruhn, M., 2014, Seite 1036
[27] Vgl. Blanchard, O., 2012, Seite 30

152

spielsweise in Form eines Fernsehspots oder Zeitungswerbung und servierte sie dem Publikum. Der Empfänger konnte die Botschaft akzeptieren oder ignorieren. Ein wirksames Mittel, um mit dem Unternehmen zu kommunizieren gab es nicht, wenn man einmal von einem Gespräch mit einem Kundenbetreuer absieht. Wenn ein Unternehmen wissen wollte, wie etwas bei den Kunden ankam, beauftragte es ein Marktforschungsunternehmen mit einer Untersuchung. Die Einflussnahme zwischen Unternehmen und Kunden geschah nicht nur vertikal, sondern auch unidirektional, nämlich immer nur vom Unternehmen zum Kunden.[28]

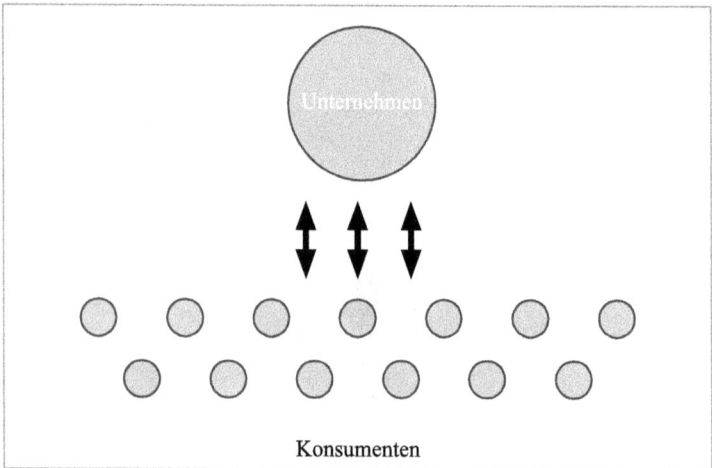

Abbildung 2: Vertikales Engagement, bidirektional[29]

In der Frühzeit des Web 2.0 wurde dann das Online-Erlebnis kooperativer und benutzerorientierter. Social Networking Sites, Blogs und Anwendungen, mit denen Kunden Kommentare zu digitalen Inhalten hinterlassen konnten, sind in dieser Zeit entstanden. Kunden konnten nun mit den Herstellern in Kontakt treten

---

[28] Vgl. Blanchard, O., 2012, Seite 30 f.
[29] Vgl. Blanchard, O., 2012, Seite 31

und einen Dialog aufbauen. Die Kommunikation verlief immer noch vertikal, aber die Kunden hatten eine Stimme.

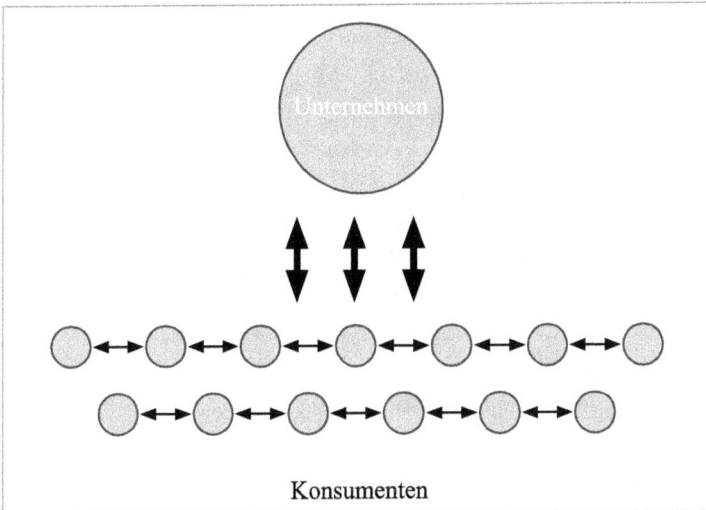

Abbildung 3: Laterales Engagement[30]

Mit dem Erscheinen der digitalen sozialen Netzwerke vollzog sich eine Evolution von Engagement und Einfluss der Verbraucher: Anwender konnten nach Belieben Inhalte produzieren und teilen. Die Kommunikation verläuft nun nicht mehr ausschließlich vertikal, sondern auch lateral. „*Die Bedeutung dieses Wandels besteht darin, dass laterales Engagement Mundpropaganda ist. Bevor es Social Media gab, ließ sich Mundpropaganda nicht gut verstärken. Empfehlungen blieben Einzelereignisse.*"[31] Social Media erzeugen einen Einfluss und eine Reichweite, wie es traditionelle Medien gar nicht können und das zu einem Bruchteil der Kosten.

---

[30] Vgl. Blanchard, O., 2012, Seite 31
[31] Blanchard, O., 2012, Seite 32

2.2   Interne Kommunikation

Im Zusammenhang mit der internen Kommunikation finden sich häufig die Begriffe „Mitarbeiterkommunikation" und „Mitarbeiterinformation". Während die Mitarbeiterkommunikation im Folgenden synonym zur internen Kommunikation verstanden wird, ist die Mitarbeiterinformation von der Mitarbeiterkommunikation abzugrenzen.[32] *„Die Mitarbeiterinformation bezieht sich lediglich auf den Aspekt der Informationsvermittlung an Mitarbeitende, wohingegen die Mitarbeiterkommunikation durch den bereits erwähnten Aspekt der Wechselseitigkeit weiter gefasst ist."*[33] Die interne Kommunikation gewährleistet den Aufbau und die Pflege von relevanten Beziehungen zu den internen Anspruchsgruppen und verbessert damit die Zusammenarbeit, den Wissensaustausch sowie die Koordination innerhalb eines Unternehmens.[34] Es besteht das grundsätzliche Ziel der Mitarbeiterkommunikation in der Einbindung der Mitarbeiter in Entscheidungs- und Entwicklungsprozesse des Unternehmens. Darüber hinaus zielt sie auf die Stärkung des Engagements und der Loyalität der Mitarbeiter, sowie ihrer fachlichen und sozialen Leistungen und Kompetenzen ab. Sie soll dazu führen, dass die Mitarbeiter bereit sind, sich stärker für die Unternehmensziele einzusetzen, weil sie wissen, wofür ihr Unternehmen steht, wohin es sich entwickelt und was sie selbst tun können, um dies durch ihr eigenes Handeln zu unterstützen. Das Denken, Fühlen und Verhalten der internen Anspruchsgruppen soll auf die strategischen Organisationsziele ausgerichtet werden. Ferner besteht das Ziel darin, die Grundwerte zu pflegen und die Reputation und die Marke zu stärken. *„Die Aufgabe der internen Kommunikation*

---

[32] Vgl. Bruhn, M., 2014, Seite 1122
[33] Einwiller, S./Klöfen, F./Nies, U., 2008, Seite 223
[34] Vgl. Jäggi, A., 2007, Seite 14

leitet sich direkt von der Unternehmensstrategie und den Unter-nehmenswerten ab."[35] Für den Unternehmenserfolg sind eine effiziente Information der Mitarbeiter und deren kommunikative Einbindung in das Geschehen eines Unternehmens unentbehrlich. Der Nutzen wirkungsvoller Kommunikationsabläufe äußert sich vor allem durch rasche Informationsverarbeitung und Entschei-dungsfindung im Unternehmen, beschleunigte Umsetzung von Plänen und Projekten, Steigerung der Produktivität von Verände-rungsprozessen, hohe Mitarbeitermotivation und -bindung.[36]

Die Informationsflut in jedem Unternehmen nimmt kontinuierlich zu. Von allen Seiten strömen Informationen auf alle Mitarbeiter und Verantwortlichen ein. Diese Informationen gilt es zu bündeln und den richtigen Personen im Unternehmen zur Verfügung zu stellen. Der Umgang mit Informationen ist ein kritischer Erfolgs-faktor. Ein effektives Instrument zur Verwaltung der Daten ist ein durchdachtes Intranet. Waren Intranets bis vor wenigen Jahren noch der elektronische Ersatz für die Mitarbeiterzeitung, entwi-ckeln sie sich heute zum zentralen Informationsportal in Unter-nehmen. Das Internet ist ein Informations- und Kommunikati-onsnetzwerk, das auf den gleichen Techniken wie das Internet basiert. Ein Intranet ist jedoch nicht öffentlich zugänglich und wird nur von einer geschlossenen Gruppe wie einem Unternehmen genutzt.[37] Die moderne Generation des Intranets bieten daher dieselben Funktionen wie die Social Media im World Wide Web, nämlich Weblogs als Nachrichtenkanal, Wikis als Know-how-Portal sowie Social Bookmarking als Verschlagwortung. Die Benutzeroberfläche ist, wie im Internet, der Webbrowser. Als hauptsächliche Ziele können die Verbesse-rung der Kommunikation und die Integration und Optimierung von Prozessen gesehen werden. Das Intranet bietet direkten Zugang zu

---

[35] Jäggi, A., 2007, Seite 14
[36] Vgl. Hettler, U., 2010, Seite 67
[37] Vgl. Dionisio, C./Schopp, B., 2007, Seite 111

Informationen und ermöglicht den direkten Austausch zwischen Informationssuchenden und Informationsträgern. Ferner sorgt es für die Verbesserung des Wissensmanagements, indem Mitarbeitern gezielt Informationen, Wissen und Kurse angeboten werden.[38] Ein weiteres Ziel ist die Integrierung und Optimierung von Prozessen.

Große Unternehmen können schon seit geraumer Zeit nicht mehr darauf verzichten, ein Unternehmensportal weltweit einzusetzen. Auch für immer mehr kleine und mittelständische Unternehmen ist es heute ohne Intranet kaum mehr möglich, die Informationsversorgung für die Mitarbeiter sicherzustellen. Auch in Firmen mit 30 oder 40 Mitarbeitern ist es ohne Intranet oftmals sehr aufwendig, Informationen zu beschaffen. Gegenüber herkömmlichen Systemen, wie gemeinsam genutzten Karteikästen, Ordnern oder Datenträgern, stehen in Intranets die Informationen ortsunabhängig zur Verfügung. Zu den weiteren Vorteilen gehören:[39]

- Die Möglichkeit, relevante Informationen schnell aus zum Teil unendlich vielen Dokumenten herauszufinden
- Die Möglichkeit, aufeinander bezogene Ressourcen mit Hyperlinks zu verknüpfen
- Die Möglichkeit, sich mit den einfachen Internet-Instrumenten bequem durch die Inhalte zu bewegen
- Mitarbeiter finden aktuelle Informationen zu den Produktbereichen, so dass sie leichter auf Kundenanfragen antworten können
- Durch die Darstellung der gesamten Unternehmensstruktur kann ein Großteil der Organisationshandbücher gespart werden, die sonst mühsam verteilt werden müssen
- Motivation der Mitarbeiter

---

[38] Vgl. Dionisio, C./Schopp, B., 2007, Seite 111
[39] Vgl. Dionisio, C./Schopp, B., 2007, Seite 112

2.2.1 Erscheinungsformen der internen Kommunikation

Hinsichtlich der Erscheinungsformen der unternehmensinternen Kommunikation lässt sich in der Unternehmenspraxis ein weites Spektrum antreffen, welches von schlichten Formen der Umsetzung gesetzlich vorgeschriebener Informationspflichten bis hin zu systematisch-interaktiven Konzepten reicht. Die damit verbundene grundsätzliche Ausrichtung der Kommunikationspolitik ist als Resultat der Grundhaltung der Unternehmensleitung bezüglich der Ausgestaltung der unternehmensinternen Kommunikation zu betrachten und ist maßgeblich abhängig von der Bedeutsamkeit, welche der unternehmensinternen Kommunikation von der Unternehmensleitung beigemessen wird. Grundsätzlich kann zwischen den idealtypischen Erscheinungsformen der „klassischen unternehmensinternen Kommunikation", der „feedbackorientierten unternehmensinternen Kommunikation" und der „systematischen unternehmensinternen Kommunikation" unterschieden werden:[40]

- Die *klassische* unternehmensinterne Kommunikation lässt sich durch die Dominanz von abwärtsgerichteten Einweginformationen charakterisieren. Es besteht lediglich ein geringes Aufkommen direkter Interaktionen und damit eine nicht vorhandene bis schwach ausgeprägte Dialogorientierung. Ferner ist die Anzahl der eingesetzten Medien gering, sowie die Ausrichtung der Kommunikation weitestgehend zielgruppenunspezifisch.
- Die *feedbackorientiert* gestaltete unternehmensinterne Kommunikation lässt sich durch eine mäßig starke Ausprägung hinsichtlich Dialogorientierung und Integrationsgrad kennzeichnen. Hierbei besteht grundsätzlich für Mitarbeiter die Möglichkeit der aufwärtsgerichteten Kommunikation, die tat-

---

[40] Vgl. Bruhn, M., 2014, Seite 1125 f.

sächliche Einbindung der Mitarbeiter ist jedoch ebenso wie die zielgruppenspezifische Gestaltung der internen Kommunikationsmaßnahmen nur mäßig ausgeprägt. Weit verbreitet in der Unternehmenspraxis sind Zwischenformen der feedbackorientierten unternehmensinternen Kommunikation, wobei aufwärtsgerichtete Kommunikation möglich ist, jedoch von der Unternehmensleitung nur unzureichend Berücksichtigung findet.

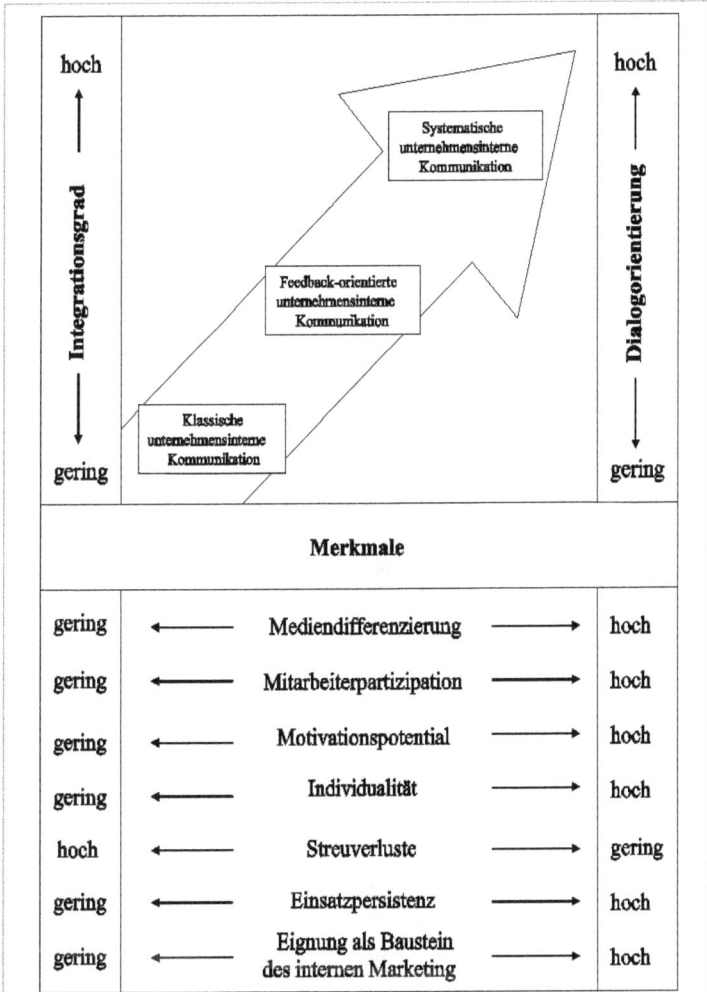

Abbildung 4: Typologie der unternehmensinternen Kommunikation[41]

Abbildung 4 gibt einen Überblick über die dargestellten Erscheinungsformen der unternehmensinternen Kommunikation.

[41] Vgl. Bruhn, M., 2014, Seite 1127

- Den Gegenpol des Kontinuums zur klassischen unternehmensinternen Kommunikation stellt die *systematische* unternehmensinterne Kommunikation dar. Hierbei werden die eingesetzten kommunikativen Maßnahmen zielgruppenspezifisch
ausgerichtet sowie ein hohes Maß an Mitarbeiterpartizipation,
Dialogorientierung und Integration angestrebt. Diese Ausrichtung erschließt die größtmögliche Ausschöpfung des Er-
folgspotenzials der unternehmensinternen Kommunikation, da
hierdurch ein hohes Maß an Konsistenz, Relevanz und Ver-
ständlichkeit kommunizierter Inhalte für die jeweiligen Zielgruppen, sowie eine Erhöhung der Mitarbeitermotivation erzielt werden kann. Diese Ausrichtung geht allerdings mit einer
hohen koordinativen Komplexität einher.

2.2.2   Ziele und Zielgruppen der internen Kommunikation

Eine erfolgreiche Interne Kommunikation kann nur dann realisiert
werden, wenn der Bestimmung des konkreten Instrumentenein-
satzes eine präzise Zielformulierung vorausgeht. *„Die Fixierung
von Zielen hat dabei mehrere Funktionen. So wird die notwendige
Erfolgskontrolle erst möglich, wenn innerhalb des unternehmerischen Planungsprozesses die Ziele der Mitarbeiterkommunikation
fixiert und operationalisiert werden.“*[42] Die explizite Formulie-
rung von Kommunikationszielen unter Einbeziehung der Mitarbeiter zeigt das Ausmaß der Einbindung der Mitarbeitenden in die
interne Kommunikation auf. Konkret lassen sich vier grundlegende Zielsetzungen der internen Kommunikation beobachten.[43]
1. Erstens will die interne Kommunikation die Mitarbeitenden
   auf die Organisationsstrategie ausrichten. Die konkrete Wir-

---

[42] Bruhn, M., 2014, Seite 1140
[43] Vgl. Jäggi, A., 2007, Seite 15 ff.

kung einer strategischen Ausrichtung liegt primär in der Vermittlung von Orientierung und Sinn und dem damit vermittelten Gefühl von Sicherheit und Vertrauen. Dies ist die Basis jeder fruchtbaren zwischenmenschlichen Beziehung und einer langfristig erfolgreichen Organisation.

2. Das zweite Ziel liegt in der Förderung der Mitarbeiterloyalität, die sich aus Mitarbeiterzufriedenheit und Mitarbeitermotivation zusammensetzt. Unzufriedenheit führt tendenziell zu einem Leistungsabbau.

3. Das dritte Ziel betrifft die Erhöhung der Identifikation der Mitarbeitenden und die Stärkung des Vertrauens in die Organisation. Resultat der Identifikation ist einerseits, dass sich die Mitarbeitenden als Botschafter des Unternehmens verstehen und die Markenwerte nach außen tragen. Die Identifikation mit dem Unternehmen ist zudem ein natürlicher Motivationsfaktor und eine Grundlage für die Mitarbeiterzufriedenheit.

4. Als viertes Ziel ist die Förderung und Weiterentwicklung der Organisationskultur zu nennen. Die bewusste Steuerung der Unternehmenskultur ist eine äußerst anspruchsvolle Aufgabe, die nicht von oben befohlen werden kann. Sie setzt trotzdem einen Top-down-Prozess voraus: Verhaltensänderungen müssen erst einmal durch die Führungsgremien vorgelebt werden, bevor sie für das ganze Unternehmen verbindlich werden können.

„Diese vier Ziele beabsichtigen am Ende das Gleiche: Erhöhung der Leistungsfähigkeit der Mitarbeitenden, Senken von Fluktuation und Absentismus, Verbesserung der Qualität und des Teamverhaltens, sowie die Etablierung einer Organisationskultur, die Innovation, Kundenorientierung und eine bessere Anpassung der Organisationsstrukturen ermöglicht."[44]

---

[44] Jäggi, A., 2007, Seite 17

2.2.3 Maßnahmen in der internen Kommunikation

In der internen Kommunikation steht nicht die Einwegkommunikation vom Vorgesetzten zum Mitarbeitenden im Vordergrund, sondern der Austausch von Informationen und die Interaktion in unterschiedliche Richtungen.

- *Medien der Abwärtskommunikation.* Unter Abwärtskommunikation werden vertikale Kommunikationsabläufe verstanden, das heißt, die Information wird an nachgelagerte Stufen weitergegeben. Diese Kaskade setzt sich im Unternehmen fort, bis das letzte Glied der Kette erreicht ist. [45] *„Die Kommunikationsinstrumente der Abwärtskommunikation sind in Unternehmen in der Regel am besten institutionalisiert. Dies spiegelt die häufig noch verbreitete Wahrnehmung der internen Kommunikation als Prozess der Information von Hierarchieniedrigeren durch Hierarchiehöhere und die Unternehmensleitung wider.“*[46] Mit dieser Form werden in der Regel folgende Ziele verfolgt:[47]
  - Die Belegschaft erhält Instruktionen und Arbeitsanweisungen
  - Verkünden von Plänen und Vorhaben des Unternehmens
  - Abgeben von Erläuterungen zu Managemententscheidungen

Diese Art der Kommunikation ist in vielen Unternehmen dominant vertreten, was vor allem auch im Zusammenhang mit den zahlreichen Hierarchieebenen in den Unternehmen zu erklären ist. Die Abwärtskommunikation ist geprägt von den sogenannten Verteilmedien: Sie vermitteln die Information von einem Punkt zum anderen mit dem Ziel, möglichst viele Per-

---

[45] Vgl. Einwiller, S./Klöfen, F./Nies, U., 2008, Seite 224
[46] Einwiller, S./Klöfen, F./Nies, U., 2008, Seite 224
[47] Vgl. Mast, C., 2010, Seite 229 f.

sonen zu erreichen. Feedbackmöglichkeiten bestehen kaum. Als klassische Medien der Abwärtskommunikation werden Newsletter, Rundschreiben, Themenbroschüren, etc. genannt, aber auch Gruppen-Meetings wie Tagungen, Seminare oder Abteilungsbesprechungen.[48]

- *Medien der Aufwärtskommunikation.* Mit der Aufwärtskommunikation werden Kommunikationswege beschrieben, die von den Mitarbeitenden zu ihren Vorgesetzten und schlussendlich zum Management führen. Damit soll sichergestellt werden, dass die Mitarbeitenden ihre Vorgesetzten und das Management über den Stand der Arbeitsabläufe informieren, sowie auf Probleme im betrieblichen Ablauf aufmerksam machen können. Die Mitarbeitenden sollen Vorschläge für Verbesserungen und Innovationen in den Managementprozess integrieren und Wissen und Erfahrungen in Zieldefinitionen und Problemlösungsprozesse einbringen.[49] Ferner sollen Meinungen, Gefühle und Einstellungen von Mitarbeitenden über ihre Aufgaben eingeholt werden, um sie in Prozesse zur Strategie- und Zielplanung aufzunehmen.[50]

Die Aufwärtskommunikation ist ein für die Mitarbeitenden befriedigender Kanal. Er steht für das Bedürfnis der Mitarbeitenden, ernst genommen zu werden und mit einflussreichen Menschen in Kontakt zu kommen. Diese sozialen Kontakte würden auch für nicht karrierebewusste Menschen eine wichtige Rolle spielen. Der Schlüssel für die Aufwärtskommunikation liegt in der Beziehung zwischen Mitarbeitern und Vorgesetzten. Die Effektivität einer „Open-door"-Politik hängt vom Vertrauen ab, das in der Beziehung zwischen Mitarbeitern und Vorgesetzten herrscht.[51]

---

[48] Vgl. Mast, C., 2010, Seite 229 f.
[49] Vgl. Mast, C., 2010, Seite 231 f.
[50] Vgl. Einwiller, S./Klöfen, F./Nies, U., 2008, Seite 224
[51] Vgl. Mast, C., 2010, Seite 233

- *Interaktive Medien.* Die vorgenannten Maßnahmen werden in verschiedenen Ausprägungen zu Massenkommunikation genutzt. Für bestimmte Kommunikationsprobleme sind sie eher ungeeignet. *„Zahlreiche Kommunikationsprobleme, beispielsweise bei Unternehmenskrisen oder –umstrukturierungen, erfordern eine persönliche, unmittelbare und interaktive Ansprache. Mitarbeitern wird es dadurch ermöglicht, ihre Ängste zu artikulieren, Rückfragen zu stellen und mit den Verantwortlichen zu diskutieren. Die Unternehmensleitung kann dadurch Stimmungen erfassen und darauf reagieren.“*[52] Traditionelle Werkzeuge sind Informations- oder teamübergreifende Besprechungen oder Workshops. Sie dienen dem Austausch von Erfahrungen und Wissen und ermöglichen die Einbeziehung von Feedback.[53]

Neben der persönlichen Kommunikation bieten vor allem Social Media-Elemente zahlreiche Möglichkeiten eines synchronen Austauschs zwischen Mitarbeitern und Führungskräften. Das Social Intranet ist die Weiterentwicklung des klassischen Intranet. Die Mitarbeitenden bekommen hier zum einen umfassende Informationen und zum anderen die Möglichkeit zum Dialog über Foren und Wikis. Für Mitarbeitende, die über Smartphones mit dem Unternehmen verbunden sind, bietet sich Instant Messaging an, um sich in Echtzeit untereinander auszutauschen. Hier können sowohl Dateien als auch Audio- und Videostreams ausgetauscht werden. Die Voraussetzung ist lediglich, dass die Beteiligten über eine Software miteinander verbunden sind.[54]

---

[52] Bruhn, M., 2014, Seite 1183
[53] Vgl. Mast, C., 2010, Seite 235
[54] Vgl. Bruhn, M., 2014, Seite 1183 ff.

Abwärts-gerichtete Medien	Aufwärts-gerichtete Medien	Interaktive Medien
- Mitarbeiterzeitschrift - Mitarbeiterbroschüren - Aushänge - Rundschreiben - Intranet - E-Mail - Newsletter - Handbuch für neue Mitarbeiter - Unternehmens-richtlinien	**Primäre Aufwärtskommu-nikation** - Mitarbeiterbefra-gung - Vorgesetzten-beurteilung - Betriebliches Vorschlagswesen - Internes Be-schwerdemanagem ent **Sekundäre Aufwärtskommu-nikation** - Mitarbeiterzeitung mit Beiträgen von Mitarbeitern - Rundschreiben mit Angaben von Ansprechpartner - Belegschaftsver-sammlung mit Diskussion	- Social Intranet - Social Net-works - Diskussions-foren - Informations- oder team-übergreifende Besprechun-gen - Workshops und Seminare - Mitarbeiter-gespräch - Events

Tabelle 2: Kategorisierung Maßnahmen zur Mitarbeiterkommunikation[55]

[55] Vgl. Bruhn, M., 2014, Seite 1166

2.2.4 Entwicklungstendenzen und Zukunftsperspektiven der internen Kommunikation

Für eine erfolgreiche Mitarbeiterkommunikation ist es unerlässlich, wichtige Trends frühzeitig zu erkennen. Ein Trend ist die Abkehr weg von den sogenannten Pflichtwerten hin zur Work-Life-Balance. Ein Unternehmen kann sich durch die interne Kommunikation als attraktiver Arbeitgeber positionieren. *„Dieses Erfordernis wird weiter verstärkt durch Entwicklungen, wie z.B. den zu erwartenden Fachkräftemangel, der Zunahme an Unternehmensübernahmen und der anhaltenden Globalisierung."* [56] Dazu kann der Einsatz von Social Media Elementen beitragen. Diese zweiseitigen, beziehungsweise interaktiven Kommunikationsmaßnahmen fördern den Aufbau einer Beziehung vor allem junger Mitarbeiter zum Unternehmen. Dies ist vor dem Hintergrund wichtig, da die reine Informationsvermittlung nicht ausreicht, um bestimmte Inhalte bei den Mitarbeitern zu verankern. Sie wollen in die Kommunikation miteinbezogen werden. Viele Unternehmen scheuen den Einsatz von Social Media, weil sie einen Kontrollverlust befürchten, beispielsweise durch Falschinformationen oder rufschädigende Informationen über das Unternehmen. Aber auch intern geht mit der Anwendung von Social Media-Maßnahmen ein gewisser Kontrollverlust der Unternehmensführung über die Kommunikation einher. Unternehmen haben künftig die Aufgabe, sich mit dieser Problematik verstärkt auseinanderzusetzen. Eine Hilfe ist die Einführung von Social Media-Guidelines, die den Umgang der Mitarbeitenden mit Social Media regelt.

---

[56] Bruhn, M., 2014, Seite 1213 f.

Durch die konzeptionelle Nutzung von Social Media Elementen kommen die Mitarbeiter immer stärker in den Kontakt mit den Kunden. *„Die Kunden erhalten Informationen über das Unternehmen daher zum einen über die Maßnahmen der externen Kommunikation, zum anderen aber auch über die Mitarbeitenden, die durch die Mitarbeiterkommunikation geprägt sind. Dies macht eine verstärkte Integration der Mitarbeiterkommunikation mit der externen Kommunikation erforderlich."* [57] So gewährleistet ein Unternehmen, dass Kunden von Mitarbeitern keine widersprüchlichen Informationen erhalten.

---

[57] Bruhn, M., 2014, Seite 1214

Literaturverzeichnis

Blanchard, O., 2012, Social Media ROI – Messen Sie den Erfolg Ihrer Marketing-Kampagne, München

Bruhn, M., 2014, Unternehmens- und Marketingkommunikation - Handbuch für ein integriertes Kommunikationsmanagement, 3. Auflage, München

Bruhn, M., 2014b, Marketing: Grundlagen für Studium und Praxis, 12. Auflage, Wiesbaden

Dionisio, C./Schopp, B., 2007, Neue Kommunikationstheorien bringen Mehrwert. Moderne Intranets - Entwicklung und Erfolgsfaktor. In: Jäggi, A./Egli, V. (H), Interne Kommunikation in der Praxis - Sieben Analysen, Sieben Fallbeispiele, Sieben Meinungen, Zürich

Dörfel, L./Ross, A., 2012, Was bedeutet Social Media für die Unternehmenskultur?
http://interne-kommunikation.net/index.php/was-bedeutet-social-media-fuer-die-unternehmenskultur, abgerufen am 1. April 2013

Einwiller, S./Klöfen, F./Nies, U., 2008, Mitarbeiterkommunikation. In: Meckel, M./Schmid, B. F. (Hrsg.): Unternehmenskommunikation: Kommunikationsmanagement aus Sicht der Unternehmensführung, 2. Auflage, Wiesbaden, Seiten 221-260

Heinen, H./Dill, P., 1990, Unternehmenskultur aus betriebswirtschaftlicher Sicht, in: Herausforderung Untersnehmenskultur, Simon, H. (Hrsg.), Stuttgart

Herbst, D., 2003, Praxishandbuch Unternehmenskommunikation: professionelles Management - Kommunikation mit wichtigen Bezugsgruppen - Instrumente und spezielle Anwendungsfelder, Berlin

Hettler, U., 2010, Social Media Marketing – Marketing mit Blogs, Sozialen Netzwerken und weiteren Anwendungen des Web 2.0, München

Jäggi, A., 2007, Was Interne Kommunikation bewirkt – Eine Einführung. In: Jäggi, A./Egli, V. (H), Interne Kommunikation in der Praxis - Sieben Analysen, Sieben Fallbeispiele, Sieben Meinungen, Zürich

Langkamp, K./Köplin, Th., 2014, Social Media in Unternehmen - Man muss es wollen, in: Rogge, Chr., Karabasz, R., Social Media im Unternehmen - Ruhm oder Ruin. Erfahrungskarte einer Expedition in die Social Media Welt, Wiesbaden

Lindinger, C./Zeisel, N., 2013, Spitzenleistung durch Leadership, Wiesbaden

Mast, C., 2010, Unternehmenskommunikation, 4. Auflage, Stuttgart

Macharzina, K., 1995, Unternehmungsführung/Das internationale Managementwissen, Wiesbaden

Meffert, H./Burmann, C./Kirchgeorg, M., 2008, Marketing, 10. Auflage, Wiesbaden

Peer, K., 2007, Unternehmenskultur im Wandel - Strategieverwirklichung durch kulturelle Kompetenz. In: Jäggi, A./Egli, V.

(H), Interne Kommunikation in der Praxis - Sieben Analysen, Sieben Fallbeispiele, Sieben Meinungen, Seite 83-96, Zürich

Pümpin, C./Kobi, J./Wütherich, H., 1985, Unternehmenskultur: Basis strategischer Profilierung erfolgreicher Unternehmen, Bern

Simon, H., 1990, Herausforderung Unternehmenskultur in: USW-Schriften für Führungskräfte, Band 17, Stuttgart

Stein, V., 2009, Unternehmenskultur als Voraussetzung erfolgreicher Kommunikation, in: Bruhn, M./Esch, F.-R./Langner, T., Handbuch Kommunikation. Grundlagen – Innovative Ansätze – Praktische Umsetzung, Wiesbaden, Seiten 1217-1240

Last but not least
Der Thalamus Verlag Leipzig in eigener Sache
Interessante Beiträge stets willkommen!

Sehr geehrte Leserinnen und Leser,

natürlich freue ich mich auch ganz persönlich, wenn Sie diese neue Reihe des Thalamus Verlags Leipzig wirklich interessant und vielleicht sogar richtig spannend finden.

Noch viel mehr würde ich mich aber freuen, wenn Sie dieses neue Medium auch als Ihre ganz eigene Diskussionsplattform betrachten, auf der Sie selbst Ihre eigenen interessanten Beiträge zu den Themen:

„Information Technology, Economics & Management"

einbringen können. Dabei sind Ihre ganz eigenen beruflichen Erfahrungen genauso wertvoll wie alle neuen wissenschaftlichen Erkenntnisse. Ich bitte Sie höflichst um Verständnis dafür, dass wir natürlich gezwungen sind, eine Vorauswahl nach Relevanz und nach dem Inhalt möglicher Artikel für die halbjährlichen Ausgaben dieser Reihe zu treffen.

Alle aktuellen Themen sind für uns immer willkommen!

Jede ökonomische Entwicklung muss sinnvoll aktiv und nachhaltig von uns selbst gestaltet werden. Nur so können wir die harte Realität ökonomischer Zwänge mit unseren modernen Ansprüchen an eine ökologische, gerechte und nachhaltige Entwicklung für alle Menschen verbinden. Das Trial-and-Error-Prinzip reicht schon lange nicht mehr aus. Deshalb freue ich mich auf Ihre geschätzten Beiträge zu diesem anspruchsvollen Thema!

André Stuth, März 2016

Kontakt und Zusendung unter:

scripts@thalamus-verlag.de

TVL

Thalamus Verlag Leipzig e.K.